# La storia e il futuro del gas di Brown e le sue applicazi[oni in] campo medico

## Genesi del gas di Brown

*Sì, amici miei, io credo che arriverà un giorno in cui l'acqua sarà impiegata come carburante; in cui l'idrogeno e l'ossigeno che la costituiscono, usati singolarmente o insieme, forniranno una fonte inesauribile di calore e luce...*
Jules Verne, *L'isola misteriosa* (1874)

Se pensiamo ai monumenti egizi o alla trasmissione di energia senza fili di Tesla, da secoli abbiamo le prove che le tecnologie di "*sovra-unità*" o i cosiddetti "sistemi di energia libera" sono alla nostra portata.

L'inventore Yull Brown è riuscito a sviluppare un "motore ad acqua", noto anche come "*elettrolizzatore di Brown*": pur non trattandosi di una "tecnologia di energia libera", lascia aperta la possibilità di una migliore efficienza energetica e, in alcuni casi, della produzione "*sovra-unità*".

Quasi tutti pensano che sia "*inconcepibile far funzionare un'automobile con l'acqua*", eppure durante la Seconda guerra mondiale si sentiva spesso parlare di auto, carri armati e altri veicoli di trasporto militare che funzionavano esclusivamente ad acqua.

Si è sempre ritenuto che la separazione di ossigeno e idrogeno trasformasse l'idrogeno in un pericoloso combustibile troppo ingombrante per essere immagazzinato in forma gassosa, specie per le automobili, sono le stesse argomentazioni con cui devono vedersela oggi i ricercatori sul gas di Brown.

Ciò che Yull Brown ha cercato di creare era una miscela unica, chiamata comunemente "*gas HHO*" o "*gas ossidrogeno*", anche se molti preferiscono chiamarlo "gas di Brown", è noto anche come "*gas di Rhodes*" o "*gas ossidrico*".

Brown condusse gran parte delle sue ricerche in Australia, sebbene fosse nato in Bulgaria nel 1922 (morì nel 1998), visse anche nella California del sud, dove conobbe il ricercatore scientifico Adam Trombly che ricorda:

"*Yull Brown era un ex ingegnere bulgaro che lavorava per i tedeschi e fu arrestato e imprigionato dai russi dopo la Seconda guerra mondiale. Fuggì da un gulag dopo essere sopravvissuto a tanti anni di torture. La CIA lo aiutò a emigrare in Australia usando il suo famoso pseudonimo. Un giorno arrivò ai cancelli del Greystone Institute di Evergreen, Colorado. Era stato Christopher Bird, [co]autore di La vita segreta delle piante, a condurlo qui. Chris era mio amico e io speravo che potesse aiutare Yull a sviluppare la tecnologia perché diventasse di uso comune.*" (Trombly, 2014)

Brown deteneva due importanti brevetti negli Stati Uniti – 4.081.656 (28 marzo 1978) [http://tinyurl.com/kcgq6cw] e 4.014.777 (29 marzo 1977).

Le ricerche sul gas di Brown, o gas ossidrico, continuano di buon passo in tutto il mondo: si stanno esplorando nuove applicazioni in vari campi, fra cui la saldatura, l'industria automobilistica e persino la trasmutazione delle scorie nucleari [http://tinyurl.com/lwwkr9f ] – ma oggi la sua tecnologia è di pubblico dominio.

In ogni caso, Brown non fu il primo a cercare di ottenere una miscela con un'esclusiva combinazione di ossigeno e idrogeno, William A. Rhodes aveva un proprio brevetto statunitense, 3.310.483 (21 marzo 1967), per il "*generatore di ossidrogeno a multicella*" [http://tinyurl.com/ky5zhzd].

Nessuno dei due fu il primo, né probabilmente l'ultimo, in quanto la ricerca sull'ossidrogeno continua ancora oggi, in tutto il mondo: gli ingegneri stanno tentando di trovare la migliore miscela "*stechiometrica*" di ossigeno e idrogeno per mettere a punto dispositivi di "*sovra-unità*".

**La storia dell'HHO**

Essenzialmente, l'acqua si può separare nei suoi elementi costitutivi, l'ossigeno e l'idrogeno, attraverso un processo noto come *elettrolisi*.

Per innescarlo si fa passare una corrente elettrica attraverso degli elettrodi (una cella chimica con un anodo e un catodo), inoltre, l'HHO crea una fiamma molto fredda, che si può toccare brevemente senza ustionare la pelle, sebbene sia abbastanza potente da saldare il metallo o distruggere un mattone.

Le formule standard per l'elettrolisi dell'acqua e la combustione sono...

• elettrolisi: $2H_2O \rightarrow 2H_2 + O_2$
• combustione: $2H_2 + O_2 \rightarrow 2H_2O$

Nell'elettrolisi standard dell'acqua, il gas idrogeno si formerà vicino al catodo negativo e l'ossigeno vicino all'anodo positivo.

Secondo Henry "Andrija" Puharich (1918-1995), che si aggiudicò un proprio brevetto nel 1983, n. 4.394.230, intitolato *Metodo e attrezzatura per dividere le molecole di acqua* [http://tinyurl.com/klwneex], ΔG 249,68 Btu è ciò che serve per dividere le molecole (una reazione di assorbimento di energia) ma è possibile rilasciare ΔH =302,375 Btu di energia (calore o elettricità) quando i gas, idrogeno e ossigeno, reagiscono e si ricombinano nel prodotto finale (il combusto) sotto forma di acqua (Puharich, fine anni Settanta).

Esatto: anche l'illustre Dott. Puharich — che fu il primo a portare Uri Geller da Israele agli USA per sottoporlo a esami scientifici — aveva un brevetto per una tecnologia simile.

Chiaramente, il gas di Brown è qualcosa di più del semplice prodotto dell'elettrolisi, il processo ha inizio quando gli elettrodi vengono immersi in acqua, poi gli elementi non vengono separati completamente (sebbene alcuni sostengano che inizialmente si separino per poi ricombinarsi in modo debole).

Yull Brown aveva cercato di ottenere una miscela specifica: non solo di H2 e O2 separati, ma una combinazione di HHO, in modo da creare un carburante più potente.

L'HHO, come già detto, presenta proprietà uniche per la saldatura, in quanto non ha una temperatura di combustione fissa, quando la fiamma lambisce una superficie di metallo, ceramica o vetro, per esempio, può produrre temperature di oltre 2500 °C.

In media, la temperatura della fiamma del gas di Brown è di circa 135 °C all'aperto.

Quando la stessa fiamma è applicata all'alluminio, senza ulteriori regolazioni, l'alluminio si può riscaldare fino a 702 °C, ancora più calda è la temperatura raggiunta sul mattone, fino a 1.704 °C, e il sottoprodotto principale è l'acqua.

**Ci sono sette elementi biatomici in natura, fra cui l'idrogeno e l'ossigeno.**

Ciò significa che sono molecole omonucleari, in cui un atomo di idrogeno si legherà direttamente a un altro atomo di idrogeno; lo stesso vale per l'ossigeno, tuttavia il gas di Brown si distingue in quanto ha sia atomi biatomici che monoatomici.

Ci sono diverse idee su come ciò avvenga esattamente, ma la teoria generale è che l'HHO non sia una struttura biatomica standard, persino il legame potrebbe non avere la forza standard del legame idrogeno (~23 kJ/mol) ma uno stato di energia di legame più debole.

Nello specifico, l'obiettivo dei ricercatori sul gas di Brown è scoprire in che punto il campo elettromagnetico all'interno della struttura atomica cambia da biatomico a monoatomico, in quanto i "*legami*" sono di fatto attrazioni magnetiche chiamate *forze di Van der Waals*.

Dunque, un elettrolizzatore di gas di Brown, anziché limitarsi a dividere in modo generico l'H2O, ha un "*gorgogliatore*" o una camera secondaria in cui il gas, inizialmente attratto dagli elettrodi, si stacca sotto forma di bolle ad alta energia.

Secondo alcuni, è in questa camera che l'H2 e l'O2, già separati diventano HHO, mentre secondo altri la separazione è più che altro un indebolimento dei legami (nella prima camera) ed è per questo che occorre meno energia per produrre il gas, naturalmente esistono vari elettrolizzatori di HHO, e ogni produttore decanta le virtù del proprio.

Insomma, Yull Brown ha scoperto che usando quantità relativamente piccole di elettricità sintonizzata o pulsata che attraversa piastre di elettrodi immerse, i legami atomici dell'acqua si scompongono diventando HHO, con un'efficienza di migliaia di volte maggiore rispetto ai sistemi tradizionali ad alto amperaggio, di conseguenza, le presunte forme monoatomiche sono associate alle bollicine di gas.

Secondo Better MPG, le molecole monoatomiche sono come "radicali liberi" che cercano di legarsi, e possono dare un vantaggio addirittura di 3:1 in termini di resa energetica rispetto ai normali idrogeno e ossigeno biatomici[1] , la forma biatomica serve soprattutto per la stabilità del combustibile.

Alcuni inventori aggiungono che il segreto per l'efficienza potrebbe essere la corrente pulsata inviata agli elettrodi immersi: gli impulsi a onda quadra positivi vengono ridotti, e la larghezza di impulso è controllata a frequenze attentamente sintonizzate per corrispondere alla "*capacità elettrica*" di piastre negative e positive distanziate (Kawai e Fujiwara, 2003).

Yull Brown non millantava un'energia "*libera*", gratuita, ma parlava di "un miglior ritorno sulla spesa", naturalmente, ci vuole elettricità per avviare la reazione, ma del resto il carburante si paga caro anche dal benzinaio.

I risultati variano, da un aumento del 10% dei chilometri percorsi con un litro, se il gas è usato per aumentare l'efficienza energetica di un sistema automobilistico esistente, ad aumenti energetici molto più cospicui, addirittura sovra-unità.

Un altro elemento chiave del processo, secondo l'autore specializzato in energie alternative Steve Windisch, è che quando si viene a creare una miscela "*perfetta*" con il 66,67% di H in rapporto all'O, si verifica un'implosione anziché un'esplosione (forse conseguenza del gas che si ricombina con l'acqua) (Windisch, 2008).

Alcuni suggeriscono che ciò derivi dallo stato monoatomico dell'idrogeno e che sia questo il motivo per cui qualcuno parla di "sovra-unità", in cui la quantità di energia esotermica (netta aggiuntiva) rilasciata è maggiore dell'energia usata per produrre il gas di Brown.

È inutile dire che tutto ciò è molto dibattuto.

Se questa energia in eccesso deriva puramente dallo stato monoatomico dell'H e dell'O che esiste prima della combustione, allora lo stato deve essere mantenuto da una sorta di campo ad alta energia, è questo che l'inventore Stanley Meyer sosteneva di essere riuscito a creare con una "pistola a gas" usando argon e laser.

Tecnicamente, non è chiaro che cosa funga da innesco e quale sia lo stato reale dell'HHO; Moray King (2001) e altri non credono che sia semplicemente l'idrogeno a causare l'eccesso di energia, ma probabilmente ciò che King chiama *agglomerati carichi di gas acqueo*, questi agglomerati creano un tipo di plasmoide o di anello vorticoso di plasma.

Forse è per questo che il gas di Brown ha una natura *implosivi*, Yull Brown disse: "*Le esplosioni sono distruttive, le implosioni sono creative.*"[2]

Dalla fine degli anni Venti, il naturalista, scienziato e ingegnere austriaco Viktor Schauberger (1885-1958) lavorò con i vortici di energia usando anche un'acqua "specializzata", è per questo che Adam Trombly afferma che, quando parliamo di gas di Brown, dobbiamo innanzi tutto prendere atto che in realtà fu Schauberger il primo a osservare il fenomeno più importante associato alla miscela stechiometrica di gas idrogenossigeno, ovvero l'*implo-sione*.

Schauberger aveva notato che i vortici, che a volte si formavano spontaneamente sulle superfici apparentemente ferme dei laghi, sembravano ricevere propulsione da una forma di energia fino a quel momento sconosciuta, Trombley, inoltre, invita a notare che il volume di gas, nelle sue proporzioni più efficienti, derivato elettroliticamente da un'unità volumetrica di acqua è uguale a 1.867 unità volumetriche di gas ossidrico stechiometrico.

Quando avviene la detonazione/implosione, gran parte, se non la totalità, delle 1.867 unità di gas diventa un'unità di vapore acqueo in meno di un millisecondo.[3]

Questa è una ricombinazione quasi perfetta ed è un processo *endotermico*, non un processo esotermico, inefficiente e termopercussivo come quello utilizzato dai normali motori a combustione interna.

Schauberger, durante la Seconda guerra mondiale, di fatto creò un "generatore d'implosione", aveva fatto ruotare un tubo conico a spirale in un sistema a vuoto, incorporando una speciale "*acqua verginizzata*" mantenuta all'esatta temperatura di 4 °C, che secondo lui consentiva il sistema di implosione.

Insomma, Yull Brown ha scoperto che usando quantità relativamente piccole di elettricità sintonizzata o pulsata che attraversa piastre di elettrodi immerse, i legami atomici dell'acqua si scompongono diventando HHO, con un'efficienza di migliaia di volte maggiore...

Anche Trombly aveva studiato il sistema di Schauberger, e ritiene che quanto osservato da Schauberger fosse un gas ossidrico derivato per potenziamento elettromagnetico, intrinseco nell'elettrodinamica dei fluidi dei vortici che causavano la dissociazione (espansione) o ricombinazione (contrazione) delle molecole d'acqua costitutive, e che fosse questo processo a guidare il fenomeno.
Secondo Trombly:

"[Yull Brown] trascorse molte ore a raccontarmi i suoi aneddoti nel 1986. Il culmine della suspense tecnologica di questo lungo resoconto fu che Yull Brown si era imbattuto nei fenomeni di implosione con il gas idrossi stechiometrico dopo gli esperimenti con gas derivati dalla cella elettrolitica piuttosto primitiva che aveva sviluppato per la sua famosa fiamma ossidrica per saldature, che utilizzava le sorprendenti caratteristiche termiche della fiamma ossidrica per saldare, brasare e tagliare i metalli.
Un giorno Yull, avendo sentito parlare del generatore d'implosione di Schauberger, decise di fare un esperimento per determinare se il gas che stava generando sarebbe esploso o imploso in una combustione. Costruì un cilindro d'acciaio con una parete di 15 mm per contenere l'esplosione di un piccolo volume di gas. Pose una candela d'accensione ad alta tensione, del tipo di Tesla, in cima al cilindro, riempì il cilindro di acqua, che fece uscire con una sovrapressione di gas ossidrico attraverso un tubo di plastica trasparente verso un cilindro di lucite all'altra estremità, una volta disperso il gas, accese la candela, e l'acqua fu risucchiata nel cilindro d'acciaio grazie all'implosione creata." (Trombly, 2014)

Adam Trombly ha ripetuto personalmente lo stesso esperimento centinaia di volte, ottenendo sempre gli stessi risultati.

Per lui, ciò significa che è possibile sviluppare un motore ad alta efficienza e a inquinamento zero, sono stati creati elettrolizzatori di HHO anche più efficienti, ma secondo Trombly le implicazioni del lavoro di Brown nello sviluppo di tecnologie per motori efficienti erano talmente straordinarie da fare esclamare al presidente di una compagnia petrolifera che ha assistito a una dimostrazione:

"Questa potrebbe essere la fine per il petrolio!"

## La tecnologia

Quasi nessuno mette in dubbio i vantaggi dell'idrogeno nella saldatura, mentre invece la controversia si fa estrema quando si parla dell'uso dell'idrogeno nelle automobili.

George Wiseman della Eagle Research di Oroville, Washington, sostiene che i suoi elettrolizzatori HyZor producono gas di Brown.

Tuttavia, per Wiseman, il carburante non è l'idrogeno, bensì quello che lui chiama ExW (acqua espansa elettricamente) che si ottiene insieme all'HHO.

Per comprendere che cos'è l'ExW, sarebbe preferibile approfondire il lavoro dell'inventore Stanley Meyer, che sosteneva di essere riuscito a far funzionare la sua automobile ad acqua (Meyer morì per un'intossicazione alimentare nel 1998).
Tutto iniziò con la sostituzione di alcune delle candele dell'auto con gli speciali "iniettori" di Meyer che erano "elettrificati a una specifica frequenza di risonanza".

Sostanzialmente si trattava di una cella di carburante a idrogeno a bordo del veicolo, che separava l'acqua in gas idrogeno e ossigeno, i quali sotto pressione si incendiavano con l'aiuto di un laser ed elettricità a RF che eccitavano il gas idrogeno.[4]

I gas H e O creati secondo richiesta dall'elettrolizzatore venivano iniettati insieme direttamente nella presa d'aria del motore.

Meyer sostituì la tecnologia del suo *dune buggy* Volkswagen e fece funzionare il motore semplicemente con il gas HHO ottenuto dall'acqua.

Di interesse più contemporaneo è l'opera di Ryushin Omasa, presidente di Japan Techno Co., Ltd, con sede a Tokyo, che è stata brevettata in Giappone nel 2009 (in giapponese) [http://tinyurl. com/jvwwuft].

Agli occhi di molti ricercatori, il "gas Omasa" è una forma di gas di Brown, molto probabilmente con forme sia biatomiche che monoatomiche di H e O.

Come Wiseman con il suo concetto di ExW, Omasa crea vibrazionalmente piccole bolle di gas idrogeno e ossigeno agitando l'acqua con frequenze nella gamma dei 100 Hz (forse simili alle radiofrequenze di Meyer), e sostiene di essere riuscito a immagazzinare il gas per lunghi periodi di tempo, e ha dimostrato come sia un ciclomotore che un'auto possano funzionare esclusivamente con il suo gas, sebbene non abbia messo a punto un dispositivo di bordo per generare il gas (Omasa, 2011).

Anche John Kanzius (1944-2009) creò una variante del gas di Brown nel 2003 quando scoprì un modo per bruciare l'acqua salata.

In realtà, per molti di questi sistemi può andare bene *qualsiasi tipo* di acqua, anche l'acqua non potabile.

Molte persone hanno assistito al servizio di *60 Minutes* della CBS in cui si narrava come Kanzius, che testava varie energie RF alla ricerca di una cura per il cancro, aveva trovato un modo per bruciare l'acqua, ciò che aveva scoperto, a detta di molti ricercatori, era un modo per dissociare l'acqua in HHO usando radiofrequenze, proprio come Meyer e Omasa prima di lui.

La frequenza potrebbe anche non essere la stessa, tuttavia l'agitazione delle molecole d'acqua eccitava l'acqua a sufficienza per suscitare la combustione.

Mentre alcuni inventori usano il gas HHO come unica fonte di carburante, la maggior parte lo utilizza come additivo, in realtà in tutto il mondo si vendono sistemi che sfruttano l'HHO come agente potenziante per il carburante.
È un concetto semplice in cui l'HHO viene fornito al sistema attraverso un'elettrolisi secondo richiesta, può essere continua o pulsata, ma in ogni caso genera gas idrogeno-ossigeno a bordo del veicolo, l'HHO a quel punto viene erogato nella presa d'aria per intensificare il processo di combustione del motore.

È sufficiente una quantità minima di HHO, dato che viene aggiunto direttamente alla normale benzina (o diesel o biocarburante) per rendere più efficiente la combustione.

**Di conseguenza, l'uso più popolare dell'HHO oggi, al di là della saldatura, è l'aumento dei *"chilometri con un litro"* nei sistemi automobilistici.**

Spesso la tecnologia viene venduta sotto forma di kit o sviluppata in casa da ingegneri e aspiranti inventori.

L'elettrolisi a bordo non richiede molta elettricità.

La famosa rivista *Popular Mechanics* ha dedicato un articolo ai kit di potenziamento a idrogeno, e con l'aiuto del ricercatore Fran Giroux giungeva alla conclusione che l'energia dell'idrogeno o dell'HHO nel carburante può agevolare il funzionamento del motore.

Il problema è che meno inquinamento nel combusto equivale a un maggiore contenuto di ossigeno, ed un più alto contenuto d'ossigeno, nelle auto più recenti, è rilevato dal sensore elettronico per il flusso del combusto.

Cercando di compensare l'aumento di ossigeno, l'ECU (unità di controllo motore) è programmata per cercare di correggere quello che considera un errore nella regolazione del rapporto aria-carburante, la centralina, quindi, aggiunge più carburante fino a tornare ai parametri di fabbrica per l'ossigeno, annullando l'efficienza energetica.[5]

L'utente potrebbe dover disattivare la centralina che gestisce il rilevamento del carburante in modo da poter usare il rapporto più efficiente di 20:1 anziché il normale 14,7:1, alcune persone hanno detto che sarebbero disposte a farlo, anche se l'auto non passerebbe la revisione.

Una nuova stella in questo orizzonte è l'inventore austriaco Christoph Beiser, che intende **riscaldare le abitazioni con il gas HHO**.

Potrebbe sembrare pericoloso, ma Beiser assicura che non lo è, in quanto il sistema comprende numerose funzioni di sicurezza.

Innanzi tutto, c'è la necessità di costruire il sistema in metallo (sebbene il modello dimostrativo sia in acrilico), inoltre è importante che l'ossidrogeno sia scaricato in acqua per evitare scintille che potrebbero far bruciare la miscela nel generatore di ossidrogeno.
Beiser ha conosciuto il gas di Brown grazie al lavoro dello sperimentatore svizzero Peter Salocher, insieme sono riusciti a perfezionare la classica cella a secco quadrata sperimentando con una nuova progettazione.

Per esempio, è stata ottenuta un'efficienza maggiore usando un solo foro nelle piastre sia per lo sfiato del gas che per l'equalizzazione elettrolitica (controllo del livello dell'acqua).

| Veicolo | Consumo medio di carburante | | |
|---|---|---|---|
| | Valore iniziale (mpg) | Con EHFES | Miglioramento |
| 2003 KW Cummins 15 litri ISX | 4,10 | 5,10 | 24,39% |
| 1997 KW 3406E Caterpillar 14,6 litri | 4,01 | 4,82 | 20,20% |
| 1997 KW Detroit 12,6 litri | 4,50 | 5,37 | 19,33% |
| 2012 KW Cummins 15 litri SX | 5,29 | 6,11 | 15,50% |
| 2011 Freightliner Detroit 15 litri | 4,50 | 5,50 | 22,22 |
| 2004 Mazda RX8 (rotativo) | 15,12 | 18,48 | 22,17% |
| 2008 Ford F350 6,4 litri Turbo Diesel | 15,03 | 18,09 | 20,34% |
| 2007 Dodge 5,9 litri Cummins Turbo Diesel | 16,00 | 19,85 | 24,10% |
| 2000 Lincoln Navigator/5,4 litri Gas | 15,60 | 19,25 | 22,53% |
| 2007 GMC W5500 5.4-Litrl Diesel | 11,44 | 13,29 | 16,19% |

*(Fonte: rapporto di Sven Tjelta, Empire Hydrogen Energy Systems Inc., in base ai risultati con l'EHFES, marzo 2014)*

Le celle più classiche hanno due fori: uno per il gas in uscita e uno per il rifornimento di elettroliti, che produce una notevole dispersione di corrente presso il secondo foro, inoltre è stato applicato un metodo di passivazione con l'acido citrico per risultati ulteriormente ottimizzati.

Beiser ha proseguito da solo le ricerche lavorando a nuovi sviluppi, avvalendosi del supporto del gruppo austriaco Gaia Energy, l'obiettivo era sviluppare una cella di idrogeno a secco efficiente e sicura per l'uso quotidiano anche da parte di inesperti.

Beiser ha spiegato in breve la sua tecnologia:

*"Allo stato attuale, abbiamo una cella a secco completamente automatizzata e controllata da un computer. Rispetta tutti i criteri di sicurezza possibili, come controllo della pressione, rifornimento automatico di acqua, rilevamento di vampe di ritorno, controllo della tensione e molto altro. È stata ottenuta un'efficienza molto maggiore anche usando un numero decisamente superiore di piastre (sferiche), oltre a una speciale batteria (le piastre di forma sferica aumentano l'affidabilità di funzionamento grazie a una migliore sigillatura). La cella è progettata come una cella a 220 volt. In condizioni ottimali (considerando tutti i fattori come temperatura ambiente, ecc.) una cella simile richiede solo circa 1,9-2,5 Watt per produrre 1 litro di gas all'ora (W/L/h).*

**"Al punto in cui siamo adesso... attualmente ci sono due aree principali in cui le applicazioni hanno successo:**

*"1) Un sistema di riscaldamento completamente automatico (es. per un'abitazione) basato sulla combustione catalitica del gas HHO. Qui il gas idrogeno agisce su un convertitore catalitico del gas di scarico e reagisce con la superficie in platino. La reazione produce temperature altissime che vengono normalizzate attraverso una speciale procedura di dissipazione del calore. Non c'è fiamma e non ci sono gas di scarico, il che rende particolarmente vantaggioso questo sistema catalitico in termini di emissioni di gas serra e soprattutto in termini di surplus di ossigeno (occorre considerare che 1 litro di combustibile fossile ha bisogno di 10 litri di ossigeno per la combustione, e questo è ancora peggio delle emissioni di CO2).*

*"2) La cella a secco per ottimizzare il valore del gas di scarico del gasolio pesante marino (un progetto svolto presso un trasportatore transoceanico di Amburgo, Germania). Attualmente si stanno svolgendo dei test mirati alla riduzione di milioni di tonnellate di inquinanti derivati dalla combustione del gasolio tramite l'iniezione di gas HHO nella presa d'aria per ottimizzare la combustione."*

I piani per il futuro di Beiser mirano anche a un metodo completamente nuovo per la produzione di gas di Brown che ridurrà di 500 volte l'energia necessaria, significa che con questa tecnica servirebbero solo 0,05 Watt per generare 1 litro di gas HHO all'ora.

## Il futuro

Sarebbe splendido se potessimo far funzionare le auto e riscaldare le abitazioni solo con l'acqua: qualsiasi tipo di acqua.

Il grosso problema è sempre stato il costo dell'elettrolisi, mKleanGas è un'azienda che propone una soluzione alternativa: attualmente sta sviluppando un sistema chiamato PEAS (soluzione alternativa per l'energia personale) che abbina il solare all'acqua, tagliando i costi dell'elettrolisi, tuttavia, anche se per noi l'energia è importante, dobbiamo riuscire a limitare l'uso che ne facciamo se vogliamo poter vivere tutti agiatamente sul pianeta Terra.

Se mettiamo insieme queste tecnologie considerando il fatto che il gas di Brown non crea un'esplosione ma un'implosione (dove il prodotto della reazione ha un volume minore rispetto alla miscela di gas iniziale), giungiamo a un altro utilizzo importante dell'HHO.

Dall'implosione, il gas di Brown consente una trasmutazione di atomi, che è stata testata e apparentemente **è in grado di decontaminare le scorie radioattive**, si tratta di una scoperta eccezionale, specialmente vista la crisi che stiamo affrontando oggi a Fukushima.

Un inceneritore a gas di Brown può ridurre i raggi radioattivi da 1/3 a 1/120 bruciando i rifiuti di un generatore di energia atomica (Oh, 1999).

Secondo il Dott. Andrew Michrowski, presidente della Planetary Association for Clean Energy (PACE), anche Brown aveva svolto esperimenti simili in Australia e negli USA per determinare se era possibile ridurre le particelle radioattive: il suo esperimento iniziale mostrò una riduzione di circa il 50%.[6]

Michrowski e Porringa (2000) ci informano che il 24 agosto 1991, lo stabilimento cinese di componenti per combustibili di Baotou (N. 202) ha pubblicato un rapporto intitolato "*I risultati degli esperimenti per smaltire materiali nucleari attraverso il gas di Brown*".

*Il rapporto stabilisce che gli esperimenti su una fonte di radiazioni da cobalto-60 hanno ridotto le radiazioni di circa il 50%.*

Michrowski e Porringa (2000) inoltre citano la ricerca di Christopher Bird, in cui si riferiva un test condotto da Yull Brown davanti a un pubblico comprendente anche il parlamentare statunitense Berkley Bedell:

"*Usando una fetta di americio radioattivo... Brown l'aveva fusa su un mattone con dei pezzetti di acciaio e alluminio... Dopo un paio di minuti sotto la fiamma, i metalli fusi emisero un lampo istantaneo, e secondo Brown quella era la reazione che distrugge la radioattività. Prima di ri-scaldarlo e combinarlo con gli altri metalli, l'americio, prodotto dal decadimento di un isotopo di plutonio, registrava una radiazione di 16.000 conteggi al minuto. Misurata in seguito [dal contatore Geiger], la massa dei metalli risultava minore di 100 conteggi al minuto, più o meno come la radiazione di fondo del laboratorio in cui stava lavorando Brown.*" (Bird, 1992)

Questo e altri esperimenti hanno dimostrato che ci può essere una riduzione significativa delle radiazioni, anche oltre la gamma del 50-95%, in un periodo di tempo breve.

Risultati simili sono stati registrati da Omasa presso Japan Techno Co., Ltd., i dati di Omasa erano sorprendenti, tanto che nell'ottobre 2013 Omasa ha sottoposto ai funzionari giapponesi una proposta per fornire delle contromisure utili a neutralizzare le radiazioni presso la centrale nucleare di Fukushima Daiichi.

Japan Techno sostiene che il processo di agitazione produce delle "nanobolle" che causano la trasmutazione nucleare, di conseguenza, Omasa ritiene di poter ridurre la quantità di cesio radioattivo e trasmutarlo in materiale non radioattivo.

## Conclusione

La carenza energetica è una minaccia reale, dunque dobbiamo pensare in modo proattivo, ci stiamo avvicinando alla possibilità di produrre in tempo reale l'HHO da utilizzare per l'abitazione e per l'automobile, ma questo articolo, però, non intende incoraggiare i lettori ad apportare modifiche alla propria auto, stiamo semplicemente riportando gli sviluppi di questa preziosissima tecnologia che continua a crescere in tutto il mondo, ispirata al lavoro di Yull Brown che ha svolto la maggior parte delle proprie ricerche in Australia.

Nel 1978, l'*Australasian Post* aveva chiamato Yull Brown "*l'inventore di cui oggi si parla di più in Australia*", ma esiste un enorme potenziale ancora tutto da sfruttare.

È giunto il momento che questa tecnologia faccia un ulteriore passo avanti.
E non deve avvenire nel garage di un unico inventore, ma in tutto il mondo.

**La nuova tecnologia energetica è possibile, e a poco a poco sta diventando disponibile!**

## Note:
**1.** http://tinyurl.com/lxvl4pm
**2.** http://tinyurl.com/mlqdmz2
**3.** I generatori di gas di Brown producono da 300 a 340 litri di gas di Brown per 1 kWh circa di energia a corrente continua, e un litro di acqua produce circa 1.866,6 litri di gas (Michrowski e Porringa, 2000).
**4.** "RF" indica la "radiofrequenza", ma spesso il termine viene usato per indicare tutto ciò che è relativo ai segnali elettromagnetici.
**5.** http://tinyurl.com/3fx88o4

**6.** Michrowski, Andrew, "Yull Brown's Gas", *Planetary Association for Clean Energy Newsletter* luglio 1993; 6(4):10-11

**Riferimenti:**
• Bird, Christopher, "The Destruction of Radioactive Nuclear Wastes: Does Professor Yull Brown Have the Solution?", *Explore!* 1992; 3(5):3
• Emoto, Masaru, conversazione privata con gli autori, 2011
• Omasa, Ryushin (presidente di Japan Techno Co., Ltd, Tokyo), conversazioni con Mattia Ghielmini per conto degli autori, 2011
• Kawai, Soshi e Toshi Fujiwara, "Numerical Analysis of First and Second Cycles of Oxyhydrogen Pulse Detonation Engine", *AIAA Journal* ottobre 2003; 41(10):2013-2019
• King, Moray B., *Quest for Zero Point Energy*, Adventures Unlimited Press, Kempton, IL, 2001
• Michrowski, Andrew e Mark Porringa, "Advanced transmutation process and its application for the decontamination of radioactive nuclear wastes", *verbali di Congress 2000*, Università dell'Alberta, Edmonton, 29-30 maggio 2000
• Oh, Hung-Kuk, "Some comments on implosion and Brown gas", *Journal of Materials Processing Technology* ottobre 1999 15; 95(1-3):8-9
• Puharich, Andrija, "Cutting the Gordian Knot of the Great Energy Bind", fine anni Settanta; anche su Rex Research con il titolo "Water Decomposition by AC Electrolysis", http://tinyurl.com/kwkj89g
• Trombly, Adam, conversazioni private con gli autori sul lavoro con il gas di Brown, 2014
• Windisch, Steve, "Brown's Gas ("HHO"): Clean, Cheap, and Suppressed Energy", 2008, http://tinyurl.com/3hobjm
• Wiseman, George, *Brown's Gas — Book Two: Build a High Quality Brown's Gas Electrolyzer that will Exceed the Performance of ANY Known Commercial Machine to Date*, University Reprint, 2012

**Riferimenti aggiuntivi:**
i. Dipartimento dei Trasporti degli USA, "Guidelines for Use of Hydrogen Fuel in Commercial Vehicles: Final Report", novembre 2007, disponibile su http://tinyurl.com/qhgeusp
ii. Le società citate (e i ricercatori) che stanno lavorando sull'HHO:
• Better MPG LLC (Mike Walsh), http://www.bettermpgtoday.com/
• Eagle Research (George Wiseman), http://www.eagle-research.com
• Empire Hydrogen (Sven Tjelta), http://empirehydrogen.com
• Gaia Energy (Christoph Beiser), office@ssb-info.com, http://www. gaia-energy.org
• Japan Techno Co., Ltd (Ryushin Omasa), http://tinyurl.com/k4xb7wz
• **KleanGas (Bo Linton),** http://www.kleangas.com

NOTIZIE SU YULL BROWN,
**Giorgio Iacuzzo si occupa di argomenti scientifici e tecnologici e di servizi dall'estero, ha avuto un lungo sodalizio con Yull Brown negli anni '90, di cui si riporta l'intervista fatta da un noto giornale scientifico.**

### Come hai conosciuto Yull Brown?
Ho conosciuto Yull Brown nel 1991, fino ad allora non sapevo niente di lui.
In quel periodo vivevo a New York City, c'era un certo fermento nel mondo scientifico con la storia della "Fusione Fredda" di Fleischmann e Pons, quella della memoria dell'acqua di Jacques Benveniste, la Zero Point Energy, ecc., e volevo realizzare un documentario sulle potenziali innovazioni che potevano derivare della cosiddetta "Scienza di confine", così cominciai a scrivere una bozza di sceneggiatura e a prendere contatti.
Scrissi a Sir Arthur C. Clarke, autore di *2001 Odissea nello Spazio*, che allora stava a Ceylon, il quale mi rispose entusiasta dandomi tutto il suo appoggio e preziosi suggerimenti.
Iniziai a muovermi andando alla Texas A&M University di College Station per intervistare il professor John O'Mara Bockris, ritenuto uno dei maggiori elettrochimici al mondo, purtroppo scomparso lo scorso anno.

### Ma se ben ricordo Bockris lavorava alla NASA?
Bockris ha sempre fatto il docente universitario, ma era il principale consulente della NASA per la tecnologia di smaltimento dei rifiuti organici degli astronauti. In altre parole, era l'esperto di cessi nei veicoli spaziali; può far ridere, ma vi assicuro che è una problematica di una complessità spaventosa, sopratutto nelle missioni con tempi lunghi.
Il professore con la sua squadra di ricercatori aveva appena messo a punto un cella sperimentale che oltre a decomporre la materia fecale la sublimava trasformandola in gas riutilizzabili; inoltre, durante il processo si generava un'energia elettrica che poteva essere sfruttata. Un dispositivo incredibile, dalle applicazioni potenziali straordinarie: pensiamo soltanto che una sua industrializzazione e diffusione potrebbe evitare la costruzione delle fogne e degli impianti di depurazione. Un contenitore delle dimensioni di una scatola da scarpe dietro al water e i problemi sono finiti, e in più si produce energia elettrica. Ci rendiamo conto? Forse per questo non se ne parlò mai più.
Dopo qualche giorno che seguivo le varie prove, il professor Bockris mi chiamò nel suo ufficio e cominciò a parlarmi di Yull Brown, un bulgaro che viveva in California, dicendomi che lo aveva invitato a tenere delle lezioni all'università, che aveva un gran talento nel spiegare le materie scientifiche e che aveva messo a punto una cella alimentata ad acqua che produceva una miscela di gas dalle proprietà molto interessanti, sia dal punto di vista energetico che di quello terapeutico.
Mi consigliò di andarlo a trovare e di documentare le sue ricerche.

*Così hai continuato il tuo viaggio dal Texas alla California?*
Non subito: sono rientrato a New York, sono venuto qualche settimana in Italia e poi sono andato a Los Angeles, precisamente ad Encino, una località alla periferia della metropoli dove Brown viveva.
Ricordo che venne ad aprirmi il cancello con al fianco due maestosi cani lupo e infilate nella cintola due altrettanto maestose pistole automatiche Colt 45. Evidentemente non si sentiva tranquillo, e non era difficile capire il perché.
La mia visita gli era stata annunciata dal prof. Bockris. Yull mi accolse subito con particolare calore, in quanto negli anni '30 al liceo di Varnain Bulgaria aveva avuto un professore italiano di cui conservava un bel ricordo.
Siamo diventati subito amici, mi invitò a frequentare il suo laboratorio per collaborare e seguire le sue sperimentazioni e così nei tre anni successivi sono ritornato ad Encino diverse volte rimanendoci per circa sei mesi complessivamente. Non mi chiese mai niente in cambio, a parte cucinare ogni tanto i piatti italiani di cui andava pazzo. Lui e la sua amica Teri amavano in particolare le mie lasagne.
Fui fortunato in quel periodo ad Encino: vivevo ospite a casa di Marco, un vecchio amico di Padova che, guarda i casi della vita, abitava a un centinaio di metri dalla casa di Yull. Ci potevamo vedere dalle verande.

*Per cui hai potuto vedere e usare i famosi generatori di Brown's Gas?*
Certamente, in laboratorio ce n'erano una decina, da quello piccolo che produceva 200litri di miscela all'ora fino a quello da 10.000 litri. Poi negli ultimi tempi lo aiutai a montare il prototipo da 20.000 litri per i cinesi.

*Che cosa c'entravano i cinesi?*
In Cina avevano capito subito il potenziale della miscela ossidrogeno, così avevano contattato Yull quando ancora abitava in Australia, lo avevano invitato a tenere una serie di lezioni in alcune università, avevano istituito un gruppo di ricerca dedicato solo al Brown's Gas e la NORINCO, il grande complesso industriale governativo, gli aveva chiesto i diritti per produrre e commercializzare i suoi generatori, cosa che lui gli aveva concesso in esclusiva. Infatti, quando chiesi a Yull di vendermi un generatore, mi mise in contatto con l'azienda cinese che me lo spedì subito in Italia.
Yull era una persona modesta e mi diceva che con i cinesi non aveva mai avuto alcun problema, erano estremamente corretti e rispettavano gli accordi alla virgola. Gli chiesi perché non andasse a vivere in Cina dove era trattato come un re: "Perché sono comunisti, e di quelli ho brutti ricordi."

*Qualche anno dopo mi mostrasti alcuni video sulle sperimentazioni.*
Spesso mi portavo la telecamera in laboratorio, penso di aver girato una decina di ore di materiale.
Mi interessavano soprattutto le operazioni di saldatura di materiali diversi. Provammo ad unire i materiali più disparati: acciaio con rame, ottone con alluminio, acciaio con cemento, tungsteno con mattone, titanio con alluminio, tutte le combinazioni possibili e immaginabili. I risultati furono incredibili.

Poi c'erano le prove di taglio dei materiali: col generatore da 10.000 litri/ora riuscivo a tagliare un tondino d'acciaio da 100 mm. in 50 secondi. Con le bombole di ossido-acetilene ci vogliono almeno 3 minuti.

Un'altra cosa che mi impressionò fu la possibilità, con un ugello particolare, di vetrificare le superfici esterne di materiali come cemento o mattone; in pratica si possono rendere le superfici completamente idrorepellenti. Immaginate le strutture sommerse degli edifici in una città come Venezia, che potrebbero essere rese totalmente impermeabili.

### Utilizzavate la miscela anche per i motori dei veicoli?

Yull Brown aveva una grande esperienza di questo utilizzo, già in Australia era diventato noto perché aveva convertito veicoli propri o mezzi di aziende con l'alimentazione parziale ad ossidrogeno, ma sosteneva che oltre ad una certa percentuale di economia nei consumi non si riusciva ad andare con i motori esistenti. A suo avviso per funzionare totalmente a Brown's Gas l'architettura dei motori andava riprogettata e questo richiedeva ingenti investimenti.

In laboratorio c'erano alcuni motori di automobile su cui facevamo delle prove; a parte l'utilizzo della sua miscela, Yull in quel periodo si interessava particolarmente alla messa a punto di un ciclo chiuso.

### Cosa significa ciclo chiuso?

Praticamente è un motore che si autoalimenta, dove i gas di scarico vengono riprocessati e riutilizzati per una nuova combustione integrandoli con una modesta quantità di Brown's Gas. Le prove le facevamo su un nuovissimo motore Perkins diesel a due cilindri, che non avendo scarico era silenziosissimo e non emanava nessun gas od odore.

Spesso mettevamo in moto il bicilindrico alla sera e alla mattina quando riaprivamo il laboratorio era ancora in funzione; i risultati di quelle prove furono entusiasmanti, ma purtroppo con nessun interesse da parte dei potenziali committenti che venivano a vederlo in funzione. Da non credere.

### E cosa ci dici degli effetti terapeutici del Brown's Gas?

Una volta l'ho provato, mi era scivolato un cacciavite causandomi un brutto taglio di almeno cinque centimetri all'avambraccio; urlai a Yull che correvo in bagno a disinfettarmi, mi seguì dicendomi di pulirmi via il sangue solo con cotone idrofilo senza usare disinfettanti, poi mi avvolse la parte con della pellicola trasparente da cucina e ritornammo in laboratorio, dove prese il cannello spento di un generatore e me lo infilò sotto la pellicola aprendo la valvola. Il flusso del gas mi fece passare il bruciore in pochi minuti, il sangue smise di uscire e la ferita si cicatrizzo in un quarto d'ora. La mattina dopo si era già formata la crosta, ripetei l'operazione con la pellicola e il cannello ogni mattina e ogni pomeriggio per un quarto d'ora per alcuni giorni. Il terzo giorno la crosta si staccò da sola, continuai il trattamento per un altro paio di giorni e la pelle si riformò completamente senza lasciare traccia della lesione. Non ebbi mai nessuna infezione e nemmeno nessun pus sulla ferita.

Incontrai alcuni medici californiani che venivano a trovare Brown, mi raccontarono che utilizzavano con successo la miscela dei generatori sui loro pazienti per diversi tipi di traumi: ustioni, ematomi, abrasioni, ecc., sostenendo come i tempi di guarigione si riducevano di molto senza l'utilizzo di antibiotici o altri farmaci.

Inoltre, per rafforzare il sistema immunitario facevano bere ai pazienti acqua in cui era stata fatta gorgogliare la miscela di gas per alcuni minuti. Mi invitarono ad andarli a trovare per esaminare le cartelle cliniche ma purtroppo non riuscii mai a farlo.

### Hai incontrato persone interessanti da Brown?

Un paio di volte al mese arrivava una delegazione di cinesi e poi venivano a vedere di persona i fenomeni della miscela diversi professori o ricercatori universitari statunitensi, ma anche da Canada, Francia e Germania. Sembravano tutti delle persone molto aperte ed entusiaste, allora immaginavo che a breve avremmo visto il Brown's Gas impiegato dappertutto, ma mi sbagliavo, non successe niente. A parte in Cina naturalmente.

### Ma in Cina è così diffuso il Brown's Gas?

Le volte che sono stato in Cina e ho visitato cantieri edili, cantieri navali e aziende meccaniche, raramente ho visto le bombole ossido-acetileniche come da noi, tutti utilizzano i generatori di Brown's Gas alimentati ad acqua, perché la fiamma è molto più efficiente, non è pericolosa e costa niente. Oggi ci sono decine di aziende che fabbricano *"Le volte che sono stato in Cina e ho visitato cantieri edili, cantieri navali e aziende meccaniche, raramente ho visto le bombole ossido-acetileniche come da noi, tutti utilizzano i generatori di Brown's Gas alimentati ad acqua, perché la fiamma è molto più efficiente, non è pericolosa e costa niente".*i generatori di Brown's Gas, basta che date un'occhiata a siti come Alibaba. Oramai i brevetti di Yull Brown sono scaduti, così i suoi generatori di gas sono copiati e prodotti anche in Corea, a Taiwan e in Giappone. Per dire la verità da alcuni anni vedo dei modelli piccoli ma ben costruiti anche in Russia, li chiamano generatori di plasma ad acqua.

### E sul decadimento dei materiali radioattivi cosa hai potuto vedere?

Non ero ad Encino nei giorni in cui venne la delegazione del Dipartimento dell'Energia guidata da Berkley Bedell, deputato democratico dello Iowa alla Camera dei Rappresentati USA, ma in seguito lessi su quella prova di decadimento radioattivo del campione di plutonio e le misure strumentali dei tecnici del DOE, e mi sembravano inequivocabili.

A mio avviso proprio da quell'episodio iniziò la campagna di isolamento e d'intimidazione di Yull Brown; quella dimostrazione poteva essere il promettente inizio di una nuova linea di ricerca sul trattamento dei rifiuti radioattivi. Purtroppo capitò nel momento sbagliato, la presidenza Reagan aveva autorizzato la costruzione del più grande deposito di scorie nel sito di Yucca Mountain e, guarda caso, l'investimento e il funzionamento del deposito erano gestiti da tre grandi conglomerati finanziari, i gruppi ENRON, Halliburton e Carlyle. Ricordiamo che la ENRON fece bancarotta nel 2001 innescando quella crisi finanziaria globale dalla quale non siamo ancora usciti.

L'Halliburton è una delle principali aziende petrolifere con ramificazioni anche nel complesso militare-industriale; in quel periodo Dick Cheney, che poi diventerà vice-presidente degli USA, sedeva nel suo consiglio di amministrazione. Infine Carlyle, società di investimenti diversificata in vari settori cheapparteneva per metà alla famiglia Bush e per metà alla famiglia Bin Laden.

Allora non ci capivo molto, ma analizzando quei fatti a oltre 20 anni di distanza mi sembra un'alleanza inquietante, anche alla luce dei fatti in cui quelle aziende sono state coinvolte negli anni successivi. Il progetto del più grande deposito di scorie nucleari al mondo avrebbe garantito ai suoi gestori profitti giganteschi per secoli. Se il test di decadimento con il Brown's Gas avesse preso piede, poteva chiaramente diventare un ostacolo per gli affariche si stavano delineando con Yucca Mountain.

Considerata la potenza degli interlocutori in gioco, è facile comprendere come non sia stato difficile isolare Yull Brown, sottoporlo a determinate pressioni, farlo vivere nell'angoscia, farlo ammalare e rientrare in Australia dove poi morì nel 1998.

### A quali pressioni venne sottoposto Yull Brown?

Ad un certo punto si accorse che veniva costantemente seguito da automobili anche nei percorsi più imprevisti, i cani vennero avvelenati, durante una sua assenza il laboratorio venne visitato e vennero sottratti numerosi documenti, strani furgoni stazionavano nei pressi della casa, e anche i vicini erano preoccupati perché non si erano mai visti prima.

Un giorno bussammo alla porta sul retro di uno di questi veicoli, il quale si mise in moto immediatamente e partì di scatto; cercammo di inseguirlo con un'auto dei vicini, ma ci seminò facilmente. I vicini chiamarono la polizia segnalando il numero di targa, ma non ne sapemmo più niente. Poi i problemi con le comunicazioni, spesso telefonando a Yull non rispondeva, era in casa ma il telefono non suonava; succedeva anche l'opposto se lui telefonava a qualcuno; oppure i fax, gli mandavo dei fax da NewYork o dall'Italia ma questi non arrivavano oppure arrivavano dopo 10 minuti, ma dove erano stati nel frattempo? Ricordo che in quegli anni non c'era la rete digitale, che può avere dei ritardi dovuti ai cosiddetti colli di bottiglia; allora era tutto analogico, se c'era la linea il messaggio arrivava in tempo reale.

Un giorno nell'ufficio di Brown ero al telefono con mio fratello in Italia, gli chiesi di mandarmi un fax e continuammo a parlare: il messaggio mi arrivò 7 minuti dopo la partenza, incredibile! Ad una persona settantenne, con la vita travagliata che aveva alle spalle e sofferente di cuore, questo continuo stress non fece certamente bene.

### Che cosa raccontava dei suoi rapporti con i tedeschi e con i russi?

Premesso che Yull non si era mai interessato di politica, era un tipico balcanico e gioviale, una persona semplice, amante della vita tranquilla, innamorato della scienza e dei film di Hollywood, non si occupò mai di nazismo o comunismo. Durante la Seconda guerra mondiale era nella marina bulgara come tecnico. I tedeschi lo notarono e iniziarono a fargli riparare i loro apparati elettronici e di comunicazione; vista la sua bravura gli fecero fare dei corsi di specializzazione anche in Germania. Un giorno lo inviarono a Berlino per integrarlo in un importante gruppo di ricerca, il treno giunse in ritardo, il sito dove si teneva l'incontro nel frattempo era stato bombardato, e quando Yull arrivò erano tutti morti. Un episodio che lo segnò molto.

Ritornò in Bulgaria, arrivarono le truppe sovietiche che mai lo arrestarono come qualcuno sostiene, lo interrogarono e lo inviarono a Mosca in quello che Yull riteneva fosse uno dei più importati centri di ricerca, l'istituto di Radio Medicina voluto da Stalin.

### Da Stalin, ma cosa dici?

Si, Stalin aveva sostenuto l'istituzione di questo centro per ricerche che esplorava le emissioni delle frequenze, da quelle della natura e dell'universo a quelle dei radar, coinvolgendo i più brillanti fisici a fianco degli sciamani della Siberia. Yull continuava a parlarmene, non aveva mai visto ricerche così brillanti, si era trovato benissimo, poteva fare di tutto, le attrezzature a disposizione erano imponenti, l'ambiente di lavoro stimolante e i colleghi erano meravigliosi. Lui e altri ricercatori vennero addestrati a visualizzare l'aura: alle 6 di mattina andavano in un locale con le pareti dipinte di grigio e degli specchi, dovevano osservare il grigio cercando di focalizzare lo sguardo all'infinito in uno stato di rilassamento, poi si voltavano verso lo specchio e potevano intravedere la loro aura. Giorno dopo giorno la vedevano sempre più chiaramente, dopo un certo tempo potevano chiaramente vedere l'aura dei loro colleghi e al termine dell'addestramento anche quella dei pazienti. Era un sistema diagnostico formidabile, senza strumenti.

Poi le cure con la luce: Yull raccontava che avevano costruito nel giardino del centro un cubo di legno con base rotante elettricamente; all'interno della costruzione c'era il letto con il paziente, al posto dell'unica finestra c'era un enorme prisma di vetro orientabile che proiettava all'interno lo spettro luminoso, il paziente veniva disposto in modo che l'organo malato corrispondesse ad una precisa sezione colorata dello spettro, il tutto ruotava seguendo il movimento del sole. Praticamente era una cromoterapia, 50 anni prima che se ne iniziasse a parlare da noi in occidente.

### Ma com'è che poi Brown finì in un gulag?

Yull sosteneva che il periodo moscovita fu per lui il più esaltante e appagante per quanto riguarda la ricerca scientifica, d'altra parte non gli piaceva la società sovietica, evidentemente successe qualcosa, dissidi con la sua compagna oppure con qualche commissario politico, non ho mai capito bene, fatto sta che venne inviato in un campo di lavoro, un gulag, con l'accusa di essere una spia americana. Di quella reclusione parlava del gran freddo patito, del pessimo cibo e del pesante lavoro. Bisogna dire che in quel periodo era affascinato dai pochi film di Hollywood che era riuscito a vedere, ed in particolare di un attore, Yul Brynner, di cui poi acquisirà il nome nella nuova identità australiana. Verosimilmente ne parlava con troppo entusiasmo nella Mosca del dopoguerra, e qualcuno volle punirlo. Era la stupidità dall'altra parte del muro!

### Ma come, Yull Brown non era il suo vero nome?

No, era nato come Iljia Vilkov nel 1922 a Varna in Bulgaria; arrivato in Australia, dato che le leggi di quel paese lo permettevano, si diede una nuova identità, appunto Yull Brown in omaggio a Yul Brynner. Rilasciato dal gulag riuscì in modo rocambolesco a fuggire in Turchia, senza documenti e vestito di stracci, dove venne arrestato dai militari turchi e rinchiuso in prigione con l'accusa di essere una spia sovietica. Era la stupidità da questa parte del muro!

Nella prigione turca fu continuamente sottoposto a interrogatori incessanti e torture per fargli confessare di essere una spia, ma non sapendo cosa raccontargli i tormenti continuarono. Venne rilasciato dopo 5 anni, riuscì a contattare l'ambasciata australiana e ottenne il permesso di emigrare. Non mi disse mai di essere stato aiutato ad emigrare dalla CIA, come spesso viene scritto; quando l'agenzia statunitense faceva una cosa del genere era per far emigrare uno scienziato negli USA, non in un altro paese.

*Come può essere nata questa inesattezza?*

Penso sia nata per il fatto che le attività innovative di Yull in Australia vennero scoperte negli anni '70 da Christopher Bird, prestigioso giornalista scientifico. Christopher durante la Seconda guerra mondiale era stato ufficiale nell'OSS del colonnello Donovan, che nel 1947 venne riorganizzato come CIA, ma gli scopi non erano più gli stessi, ossia la protezione della comunità nazionale, e iniziarono i traffici e i giochi di potere. A quel punto Bird assieme a Peter Tompkins diede le dimissioni, dichiarando che non avrebbe collaborato con una struttura antidemocratica che chiamarono "il governo invisibile", così iniziarono ad occuparsi di scienza e natura tramandandoci opere memorabili come *La Vita Segreta delle Piante*.

### Riuscisti poi a realizzare il documentario sulla Scienza di Confine?

Nemmeno per sogno. Lo proposi alla RAI, a vari network negli USA e in Canada, ai tedeschi, non gliene fregava niente a nessuno, gli unici che reagirono con interesse furono quelli della televisione Jugoslava, forse perché nella sceneggiatura parlavo di Nikola Tesla, ma non avevano una lira e il loro paese era in pieno caos. Invece da New York riuscii a telefonare ad Umberto Colombo, allora Ministro della Ricerca Scientifica, il quale mi convocò subito a Roma dove lo incontrai assieme al suo consigliere, il prof. Giuseppe Lanzavecchia. Feci loro una relazione che avevo sviluppato dagli appunti per girare il documentario su queste nuove scoperte scientifiche e gli presentai alcune mie riprese filmate tra cui quella che tu avevi visionato allora sugli esperimenti da Yull Brown. Tra l'altro proposi un censimento degli innovatori indipendenti in Italia e sostenni l'idea dell'amico Giuliano Preparata sul destinare una piccola parte, ossia dal 3% al 5% dei fondi, per la ricerca scientifica sui "fenomeni strani".

Notai qualche reazione d'interesse, alla fine decisero che ci saremo rivisti per stendere un programma, ricordo che uscii dal palazzo sul Lungotevere contentissimo.

### Incredibile, a Roma al Ministero della Ricerca ti diedero questa opportunità?

Veramente trovai una disponibilità inaspettata, la riunione si protrasse alcune ore e poi andammo a pranzo. Anch'io rimasi stupito di questa sensibilità ad ascoltare un interlocutore che illustra una prospettiva non ortodossa, ma bisogna sottolineare che entrambi Colombo e Lanzavecchia erano scienziati di valore e non politici. Poi il prof. Colombo mi conosceva e sapeva bene i miei interessi professionali in quel periodo.

Alla fine comunque andò male, non successe più niente perché poco dopo cambiò il governo e da Roma non si fece più vivo nessuno.

### Come vedi il futuro del Brown's Gas?

Per il momento in occidente continua il disinteresse della ricerca istituzionale al fenomeno di scomporre comune acqua in una miscela energetica di gas in modo economico e pulito, ma certamente ci sono moltissimi innovatori indipendenti che producono dispositivi egregi, sopratutto per il miglioramento della combustione nei motori.

C'è un formidabile passaparola, per cui in Europa e negli USA ci sono attualmente alcune decine di migliaia di veicoli che funzionano con le celle di Brown's Gas. La cosa non viene molto divulgata, perché in molti paesi se la stradale ti ferma e ti trova un dispositivo ad acqua ti sequestra il veicolo. Ci rendiamo conto che se riduci i consumi del 20% e abbatti l'inquinamento allo scarico del 90% ti puniscono invece di darti un premio? Lo trovo pazzesco.

Caro Giorgio, ti ringrazio per aver condiviso con noi le tue esperienze con un grande ricercatore come Yull Brown e illustrato magnificamente le straor*dinarie applicazioni della sua tecnologia. Un cambiamento è dunque possibile?*

**Caro Tom, penso che le cose potrebbero cambiare velocemente soltanto quando i cittadini decideranno di prendere in mano la gestione della vita nelle loro comunità, del futuro dei loro figli, e ripristinare la piena sovranità dei loro paesi esautorando quei governanti imbelli al servizio di ben altri interessi.**

## GLI STRAORDINARI POTERI DI GUARIGIONE DEL GAS DI BROWN

Recentemente si è giustamente manifestato un grande interesse riguardo ai benefici per la salute dell'idrogeno molecolare[1] (H2), ma questa potrebbe essere solo la punta dell'iceberg, il Gas di Brown (BG) potrebbe effettivamente risultare di livello superiore.[2]

Il BG è il gas ottenuto dall'acqua elettrolizzata, costituito principalmente da due parti di idrogeno molecolare, o H2, e una parte di ossigeno molecolare, o O2, altri suoi nomi sono ossidrogeno, hydroxy e HHO.[3]

L'elettrolisi convenzionale durante il suo processo separa le due componenti del gas, H2 e O2 e questo sistema è detto a doppio canale.

Il gas a canale comune (BG), in cui H2 e O2 non sono separati, è stato sviluppato dall'inventore americano Dr. William Rhodes a cui è stato concesso un brevetto nel 1966.

Il nome Gas di Brown è entrato in uso per onorare l'australiano Dr. Yull Brown che ha continuato a migliorare e promuovere il sistema a canale comune per 30 anni.

Gli usi principali del BG sono stati il cannello a gas[4] e il miglioramento dell'efficienza del carburante[5] di veicoli e centrali elettriche.

Il gas a doppio canale è conforme alle proprietà fisiche e chimiche conosciute dell'acqua elettrolizzata, ma il gas a canale comune ha alcune proprietà piuttosto insolite, come di seguito viene illustrato.

George Wiseman (GW) è il ricercatore più accreditato sul BG in Nord America, nel 1984 ha fondato la Eagle-Research, Inc.,[6] ma solo negli ultimi anni si è interessato ai benefici per la salute del BG.

Ha scritto: "Dal 1996, i clienti di WaterTorch hanno iniziato a raccontarmi storie fantastiche sulla cura del cancro (melanoma) e di molti altri disturbi (da allora ho duplicato molti di questi rapporti)".[7]

Alla fine, nel marzo 2016, ha iniziato a respirare BG per diverse ore ogni giorno mentre lavorava al computer, dopo diversi mesi sentì di essersi ringiovanito di un anno per ogni mese di gas inalato, ecco cosa GW ha da dire sul suo viaggio verso la salute con il BG [8]:

*"Mi è appena successa una cosa molto interessante; di recente ho piantato un palo d'acciaio con un battipali improvvisato e mi sono slogato la spalla malamente. Non riuscivo a sollevare il braccio senza provare un dolore intenso; poi è successo qualcosa di straordinario. La distorsione della spalla è guarita in tre giorni! Non ho mai visto una distorsione guarire così in fretta!*

*• Sto perdendo grasso e sto guadagnando massa muscolare, anche senza esercizio fisico dedicato.*

*• La mia vista è migliorata. Ho portato gli occhiali dall'età di nove anni. Non porto più gli occhiali se non quando guido.*

*• La psoriasi è sparita; non ho più pelle bianca e spessa che si scrosta su gomiti, ginocchia e piedi. Questo in realtà è successo entro tre settimane dall'inizio della respirazione del BG.*

*• La pelle è liscia ed elastica; le rughe dell'età scompaiono gradualmente.*

*• Le cicatrici (che ho avuto sin dall'infanzia) sembrano scomparire.*

*• Le 'macchie dell'età' sembra che stiano scomparendo.*

*• Le neuropatie sono sparite. Sono grato di sentire di nuovo la mia mano sinistra e il mio stinco.*

*• I capelli continuano a scurirsi (ora sale e pepe invece del solo grigio).*

• I capelli sembrano ricrescere (ispessendosi e crescendo sulla mia calvizie).
• L'acufene è ancora lì, ma a volte è quasi impercettibile."

GW mi ha aggiornato nell'ottobre del 2017:
"• Le mie verruche sono sparite (verruche alle mani e verruche plantari).
• I capelli stanno decisamente ricrescendo.
• La stitichezza è sparita.
• L'artrite è sparita.
• Non mi sono più ammalato (nemmeno un raffreddore) dal 2005 (niente farmaci o vaccini antinfluenzali).
• Ho perso 18 chili di peso in eccesso (da 99 fino a 81 Kg).
• Il soffio al cuore è sparito."

Un brevetto del 2005 contiene una lunga lista di malattie e condizioni cliniche che sono state curate o notevolmente migliorate spruzzando il BG sulla pelle.
Queste includono:
• infiammazioni e dolori presenti in particolare con varie forme di artrite e artralgia o dolore articolare (ginocchio, ossa del polso);
• dolore muscolare o mialgia;
• problemi ai dischi intervertebrali;
• mal di testa ed emicranie;
• ferite e infezioni/infiammazioni microbiche;
• reazioni cutanee allergiche;
• rimozione del dolore o alleviamento con le fratture ossee;
• sciatica;
• herpes zoster;
• mal di denti;
• problemi di mestruazioni;
• problemi agli occhi tra cui glaucoma e cataratta;
• Morbo di Parkinson;
• Miastenia;
• insonnia;
• scarsa circolazione sanguigna;
• asma;
• gastrite e ulcere;
• attacchi di panico;
• neuropatia diabetica periferica.

Per un elenco più recente di malattie e condizioni cliniche trattate con successo con il BG, vedi "Issues healed or mitigated by Brown's Gas (Problemi guariti o mitigati dal Gas di Brown)" a cura di GW.

**Acqua espansa elettricamente**

Ci sono innumerevoli siti Web che fanno affermazioni salutistiche per vendere prodotti basati su nuove invenzioni.

Ci si potrebbe chiedere cosa mi abbia reso particolarmente interessato al BG, il motivo principale è quello che GW chiama acqua espansa elettricamente, o ExW in breve.

Nel 1996 GW ha scoperto che esiste un componente precedentemente sconosciuto nel BG che sembra essere la causa dei suoi straordinari effetti sulla salute.[11]

Il Gas di Brown viene generato scindendo l'acqua tra due elettrodi e H2 e O2 gorgogliano nell'acqua ai rispettivi elettrodi, questo è tutto ciò che si può vedere con configurazioni convenzionali.

Tuttavia, con il suo metodo migliorato, GW può vedere una terza linea di gas[12] che si sviluppa nel fluido stesso, esattamente nel mezzo tra le piastre degli elettrodi.

Il fluido è limpido e si può vedere che non vi è alcuna connessione tra le bolle che escono lungo le piastre e la linea delle bolle che escono dal fluido. Affinché si formi la ExW il gas di entrambi gli elettrodi deve rimanere insieme (canale comune).

La ExW è una nuova scoperta che dovrebbe essere di grande interesse per i fisici: con una ricerca adeguata sulla ExW è possibile fare un salto di qualità nella comprensione dell'universo.

GW ha scritto:[13] *"Nella mia esperienza personale ho scoperto per caso l'aspetto/ componente della ExW 'più pesante dell'aria' nel BG."*

*"Stavo lavorando con un apparato ER1150 WaterTorch e alcune scintille volavano sopra il foro di riempimento dell'acqua che avevo coperto con un panno per evitare che delle impurità vi cadessero. Il foro era rimasto aperto per più di un giorno e non ero preoccupato per l'infiammabilità dell'idrogeno, ma qualcosa è andato storto quando le scintille lo hanno acceso.*

*Notare che non è deflagrato come se fosse stata un'esplosione di idrogeno: è stato come un sibilo con un vuoto d'aria istantaneo e l'aria che ritornava a riempire quello spazio.*

*Successivamente ho scoperto[14] che se riempivo una bottiglia (da bibita) trasparente da 2 litri, quindi lasciavo riposare per almeno 15 minuti (con il tappo chiuso), la miscela rimanente era implosiva. Se la si accende troppo presto il risultato è molto esplosivo perché l'idrogeno non ha avuto la possibilità di scappare.*

*Quindi, l'ExW è più pesante dell'aria e tenderà a rimanere nella bottiglia mentre l'idrogeno fuoriesce: se la qualità/quantità dell'ExW è sufficientemente elevata da supportare la combustione, essa imploderà senza alcuna pre-esplosione.*

*Brucia come una 'lenta' implosione della fiamma a forma di ciambella mentre si muove verso il basso all'interno della bottiglia; è molto interessante da guardare.*

*Così ho concluso che il BG è più che un gas mono e biatomico, aggiungendo un componente di sola acqua espansa. L'ExW è un'acqua combustibile in forma gassosa che non è vapore o vapore acqueo."*

Dalle misurazioni di volume e peso del gas, GW ha concluso che il BG a canale comune contiene fino al 30% di ExW.

Tuttavia, esiste un problema comune con il BG o con l'idrogeno: l'idrogeno molecolare in concentrazione superiore al 4% è esplosivo, pertanto, sono necessarie protezioni appropriate quando si lavora con il BG o idrogeno. Comunemente, in contesti clinici come in Giappone, il BG o idrogeno viene inalato a una concentrazione massima del 4% di idrogeno e spesso al 2%.

## Test di microscopia in campo oscuro

GW fece eseguire una microscopia in campo oscuro mentre inalava il BG attraverso una cannula nasale.

La concentrazione di idrogeno nella miscela di aria e BG inalata era dell'8-9% in volume.

Il BG non diluito ha una concentrazione di idrogeno del 66,6% e il suo generatore ha prodotto 75 litri di BG.

Come al solito si sentiva in salute ed energico durante l'inalazione, ma qualcosa di molto insolito si presentava nell'immagine del sangue.

C'erano molte luci scintillanti nel plasma e massicce formazioni *rouleaux* di globuli rossi (RBC), ovvero raggruppati insieme come rotoli di monete (figura 1a, a sinistra).

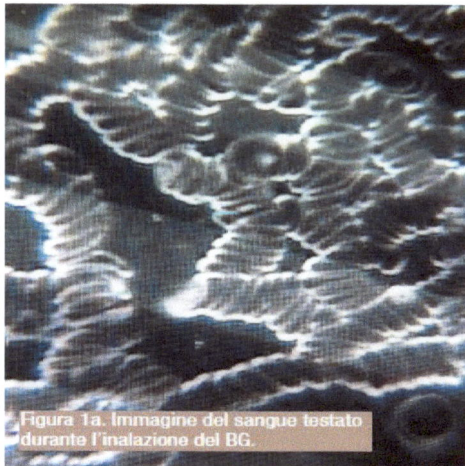

Figura 1a. Immagine del sangue testato durante l'inalazione del BG.

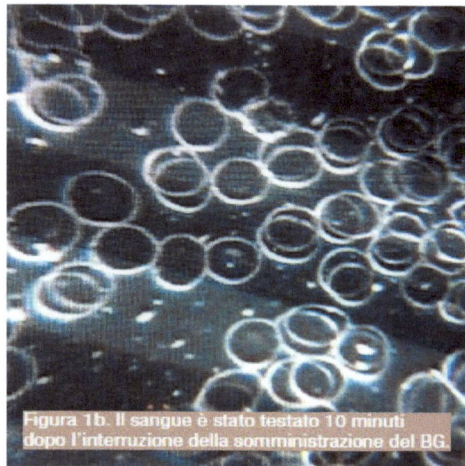

Figura 1b. Il sangue è stato testato 10 minuti dopo l'interruzione della somministrazione del BG.

Pochi minuti dopo aver interrotto l'inalazione di BG, i globuli rossi erano di nuovo singoli (figura 1b, a destra).

Altri due soggetti hanno avuto gli stessi risultati con questo test.

La mia spiegazione per questi insoliti risultati in campo oscuro è la seguente:

*"I globuli rossi si comportano come i colloidi. Sono tenuti separati dalla differenza di potenziale elettrico tra i globuli rossi stessi e il plasma sanguigno. Questa differenza è chiamata potenziale zeta (ZP). I globuli rossi hanno una carica elettrica negativa all'esterno. Questo attrae ioni positivi che circondano i globuli rossi e li tengono separati l'uno dall'altro. Quando la ZP è alta, un sistema colloidale è stabile e i colloidi o i globuli rossi ririmangono separati; ma quando la ZP diminuisce, i globuli rossi si avvicinano e possono coagularsi.*

Normalmente, una ZP debole e i rouleaux risultanti sono causati da malattie e condizioni di scarsa energia vitale. Tuttavia, durante l'inalazione di BG c'è una condizione di alta energia. L'intero plasma sanguigno, e i globuli rossi, diventa sovraccarico di bioenergia. Ciò aumenta notevolmente il potenziale elettrico del plasma e, in misura minore, quello dei globuli rossi. Questo porta i loro potenziali elettrici molto più vicini. A questo punto la ZP è molto bassa, causando una formazione massiccia di rouleaux. Entro pochi minuti dall'interruzione del BG l'eccesso di energia nel plasma si è diffuso in tutto il corpo e in particolare nelle aree a bassa bioenergia. Con questo la ZP del sangue aumenta di nuovo probabilmente ad un livello più alto di prima dell'inalazione e i rouleaux si dissolvono. Con una formazione di rouleaux così forte ci si aspetterebbe normalmente una diminuzione della saturazione di ossigeno nel sangue e/o una variazione della pressione sanguigna e della frequenza cardiaca. Finora il monitoraggio dei livelli di ossigeno nel sangue, della pressione arteriosa e della frequenza cardiaca durante la respirazione di BG non mostra cambiamenti significativi in nessun parametro. L'ossigeno nel sangue può anche essere leggermente aumentato".

**Possibilità di trattamento**
George Wiseman ha sperimentato la combinazione di respirare il BG e bere acqua infusa con il BG per essere molto più efficace rispetto a una sola delle due cose.
Le quattro possibilità di trattamento con il BG sono:

1. bere acqua infusa;
2. applicazione topica dell'acqua infusa;
3. applicazione topica del gas;
4. inalare il BG.

_Per caricare l'acqua potabile con il BG_, 50-75 lt/h (0,83-1,25 lt/m) vengono fatti passare attraverso un gorgogliatore per circa 10 minuti per litro d'acqua. Il gorgoglìo è molto più efficace se si utilizza una pietra porosa da acquario per produrre piccole bolle. È meglio bere l'acqua il prima possibile e non tenerla fino al giorno successivo.
_Applicata per via topica_, l'acqua gorgogliata con il BG è stata utilizzata per accelerare la guarigione di problemi della pelle come ferite, infezioni, infiammazioni, eruzioni cutanee e cancro della pelle. È preferibile mantenere l'area interessata bagnata o umida per un po' di tempo con un panno di cotone imbevuto o un batuffolo di cotone fissato con un cerotto. Cambiare frequentemente l'acqua della medicazione. Si può anche fare un bagno o un pediluvio con il BG che gorgoglia. L'acqua gorgogliante di BG viene utilizzata nelle SPA giapponesi.
I benefici di acqua gorgogliata con il BG non solo si applicano alla nostra salute ma anche al benessere di piante e pesci.[15] Le piante che hanno ricevuto l'acqua con il BG sono cresciute da 3 a 10 volte più velocemente (risultati migliori con l'idroponica), rispetto alle piante che crescono con acqua non trattata, e sembravano molto sane. Persino i pesci crescevano da due a tre volte più velocemente quando respirava solo acqua gorgogliata.

*Il BG, inoltre, può essere applicato direttamente sulla pelle*, l'applicazione diretta del gas è stata utilizzata per la sindrome del tunnel carpale, i crampi muscolari, l'artrite, la gotta, ecc.. La sindrome del tunnel carpale è risultata completamente eliminata in una sola applicazione. Per trattare le mani, bisogna poi indossare guanti e dare gas ai guanti, anche i sacchetti di plastica possono essere messi sopra un braccio o una gamba.

**Nota importante: il BG è una miscela esplosiva. Non bisogna avere fonti di ignizione nelle vicinanze. Anche l'elettricità statica può accendere il BG.**

GW è a conoscenza di due esplosioni durante un trattamento con una borsa, una causata dalla scintilla di un pomello e l'altra dall'elettricità statica di un tappeto. Queste esplosioni sono andate verso l'esterno e non hanno danneggiato questi individui. Ciononostante, ritengo che questo sia un rischio non necessario e l'uso topico di acqua è un'opzione più sicura in alternativa, utilizzare il BG con una concentrazione di idrogeno inferiore al 4% per riempire i sacchetti.

*L'inalazione di BG è il trattamento più efficace* per il miglioramento generale della salute. Questo di solito è fatto con una cannula nasale stando seduti tranquillamente per un po' di tempo, come quando si lavora al computer, si guarda la TV o si legge un libro. Si può anche farlo gorgogliare attraverso una bottiglia piena d'acqua con l'apertura vicino al naso. Si inizia con pochi minuti e si aumenta gradualmente il tempo di trattamento. Se usato la sera, questo potrebbe inizialmente interferire con il sonno.

**Per mantenere la concentrazione di idrogeno del gas inalato inferiore al 4%, il volume di BG dovrebbe essere regolato a circa 18-20 litri (0,30-0,33 l/m).** Questo non dovrebbe essere necessario quando si inala da una bottiglia. Tuttavia, GW sta ancora inalando BG all'8-9% con una cannula per diverse ore per la maggior parte dei giorni. Il BG dovrebbe essere fatto gorgogliare attraverso l'acqua e il tubo con la cannula nasale attaccata all'uscita del gorgogliatore. Quando gorgoglia in una bottiglia non è necessario alcun tubo di scarico.

**È una buona idea bere l'acqua gorgogliata alla fine della sessione.**

L'Oriente ha abbracciato il BG per la tecnologia sanitaria, in Giappone le persone possono semplicemente uscire per strada e in un negozio o in una clinica inalare l'idrogeno;[16] lo stesso a Taiwan, anche se in realtà non inalano solo idrogeno, ma più propriamente il Gas di Brown.

La Epoch Energy Technology Corporation di Taiwan ora produce un generatore di BG per le attività legate alla salute.[17]

Un simile generatore di BG per trattamenti medici è stato sviluppato a Shanghai, in Cina.[18]

**Sempre più spesso la ricerca sui benefici per la salute dell'inalazione di gas di idrogeno viene condotta con il Gas di Brown.**

**Note:**
**1**. Ichihara, M. et al., "Beneficial biological effects and the underlying mechanisms of molecular hydrogen: comprehensive review of 321 original articles", *Medical Gas Research* 2015; 5:12, http://tinyurl.com/ycm3pte6

**2.** Eagle-Research.com, "What's the Best Way to Get Hydrogen into My Body?", http://tinyurl. com/y9354wh9

**3.** Eagle-Research.com, "What is Brown's Gas?, http://tinyurl.com/y6vsulyq

**4.** WaterTorch.com, "Brown's Gas (BG) flame is 'cool'!"

**5.** Eagle-Research.com, "On-Board Electrolyzers Work", http://er4u.info/cms/node/443

**6.** Eagle-Research, Inc., http://www.eagle-research.com

**7.** Wiseman, George, "My Brown's Gas for Health Trip", 14 ottobre 2016, http://tinyurl. com/y9q8wewm

**8**. ibid.

**9.** Kang, Song Doug, "New Use of Brown's Gas and Feeding Apparatus of the Brown's Gas", Patent WO2005049051 A1, 2 giugno 2005, http://tinyurl.com/y8b6a7bq**10.** Wiseman, George, "Issues healed or mitigated by Brown's Gas", http://tinyurl.com/ ycehb5os

**11.** Eagle-Research.com, http://bit.ly/2hjfTEy

**12.** "Brown's Gas Trifecta", MP4, http://tinyurl. com/ycod3goj

**13.** Endnote 11, op. cit.

**14.** "Brown's Gas (HHO) Phases of Combustion", 25 settembre 2014, video, http://tinyurl. com/y9qruvnt

**15.** Wiseman, George, "Plants Don't Lie", 26novembre 2016, http://tinyurl.com/y8cm3g99

**16.** YouTube video, 15 dicembre 2014, http:// tinyurl.com/ya5pd86c

**17.** Epoch Energy Technology Corp., http:// tinyurl.com/ybopyrtq

**18. Camara, R. et al., "The production of high dose hydrogen gas by the AMS-H-01 for treatment of disease",** *Medical Gas Research* **luglio-settembre 2016; 6(3):164-66, http:// tinyurl.com/y7tboktn**

# Acqua energizzata

**Con le sue proprietà che capovolgono le teorie tradizionali della fisica, l'acqua ad alta bioenergia si può produrre per ottenere dei benefici terapeutici.**

L'acqua può avere livelli alti o bassi di bioenergia, ovvero l'energia vitale dei sistemi biologici.

Possiede altresì una particolare capacità di attrarre e trattenere bioenergia. Quella contenente una quantità elevata di bioenergia viene chiamata acqua energizzata ed è dotata di particolari qualità terapeutiche.

Nel mondo naturale, l'acqua energizzata si forma comunemente nei corpi d'acqua, soprattutto quelli illuminati dal sole e in movimento come i ruscelli, le cascate e gli oceani.

La luce del sole e la formazione di vortici da parte dell'acqua in rapido movimento e delle onde che s'infrangono forniscono il potere di formare, nell'acqua stessa, strutture a energia elevata, tenute insieme da dei minerali.

Le strutture più comuni sono l'acqua esagonale e quella pentagonale. L'acqua esagonale (vedi Figura 1)

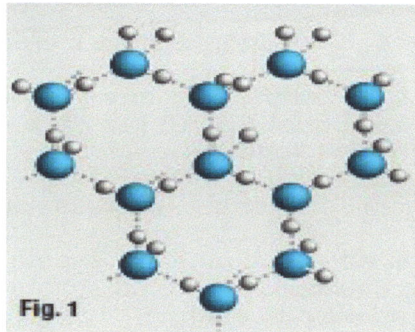

Fig. 1

è dotata di maggiore potenziale d'immagazzinare energia, mentre l'acqua pentagonale è più densa ma meno carica di energia.

La composizione percentuale di queste strutture d'acqua cambia con la temperatura, infatti man mano che la temperatura scende la struttura d'acqua si fa più esagonale, fino a diventare quasi del tutto esagonale nel ghiaccio o nella neve, di conseguenza, questo aumento di strutture esagonali fa galleggiare il ghiaccio e fa espandere l'acqua prima che si congeli.

Al contrario, più la temperatura sale e più la struttura dell'acqua diviene pentagonale.

Tuttavia, non sembra che questo valga del tutto per l'acqua fortemente energizzata e per quella che si trova all'interno del corpo.

Quando viene energizzata, l'acqua forma strutture relativamente stabili con legami d'idrogeno.

Le strutture più sane e stabili sono esagonali: sei molecole d'acqua formano una struttura ad anello, e i loro atomi d'ossigeno caricati negativamente puntano verso il centro dell'esagono, di solito in corrispondenza di tale centro c'è uno ione minerale che tiene insieme i sei atomi d'ossigeno negativi con la sua carica positiva.

La Figura 1 mostra un'immagine bidimensionale, ma in realtà la struttura esagonale è tridimensionale.

Questi collegamenti — che, non essendo dei normali legami chimici, risultano molto più deboli — vengono chiamati forze di van der Waals, si possono rompere e riformare facilmente, in modo tale che le molecole d'acqua negli esagoni siano capaci di disgregarsi quando vengono agitate con forza per poi riformare rapidamente gli esagoni.

Tali strutture vengono chiamate anche cristalli liquidi, per costruire questi cristalli liquidi c'è bisogno di energia, che però viene liberata facilmente, pertanto, l'acqua strutturata in forma esagonale viene usata dai sistemi biologici come riserva d'energia.

L'acqua che si trova nelle cellule sane e nei fluidi corporei è perlopiù esagonale, nelle cellule è stata definita più simile a un gel che a un liquido come nel caso della comune acqua.

Nell'acqua energizzata, i settori strutturati possono contenere migliaia e forse milioni di esagoni d'acqua relativamente stabili.

## Il puzzle dell'acqua

Lo stimato scienziato sud-coreano Mu Shik Jhon è stato il creatore della teoria dell'acqua esagonale.

Docente di chimica in diversi paesi, ha condensato una vita di ricerche nel libro *The Water Puzzle and the Hexagonal Key* (Il puzzle dell'acqua e la chiave esagonale), il cui sottotitolo dice tutto: *Scientific Evidence for the Existence of Exagonal Water and its Positive Influence on Health* (Prove scientifiche dell'esistenza dell'acqua esagonale e della sua influenza positiva sulla salute).[1]

L'acqua contenuta in piante, animali ed esseri umani presenta strutture perlopiù esagonali, perciò bevendo succhi freschi di piante ingeriamo prevalentemente acqua esagonale ad elevata energia.

Secondo la ricerca del dottor Jhon, l'acqua è fortemente esagonale in un corpo sano, pur contenendo una certa percentuale di acqua pentagonale. Una quantità più alta della media di acqua pentagonale nel corpo è associata a stati di malattia come il cancro e il diabete, i tumori contengono più acqua pentagonale rispetto al tessuto sano.

Il dottor Jhon ha scoperto anche la funzione dei minerali nella strutturazione dell'acqua.

A seconda delle loro dimensioni e cariche elettriche, gli ioni minerali possono avvicinare gli esagoni tra loro o allontanarli l'uno dall'altro, per esempio, il sodio li fa avvicinare moderatamente, mentre il calcio riesce a farlo con forza dieci volte maggiore, pertanto questi minerali contribuiscono a generare più strutture esagonali e a renderle più stabili.

Il magnesio e il potassio, invece, fanno allontanare gli esagoni tra loro, la potenziale capacità di spaccare le strutture del magnesio è all'incirca doppia rispetto a quella del potassio.

Possiamo vedere come tutto questo operi nel corpo con l'esempio della contrazione muscolare.
Quando il corpo vuole contrarre un muscolo, i nervi creano una scarica elettrica chiamata potenziale d'azione, che a sua volta è in grado di spostare gli ioni di calcio all'interno di una cellula muscolare.
Quest'ultima fa avvicinare tra loro le particelle della sua acqua formando una stretta struttura esagonale, le molecole d'acqua esterne sono collegate alla parete cellulare, e ciò determina la contrazione dell'intera cellula.
Per rilassarla di nuovo, entra in gioco il magnesio, capace di allentare la struttura dell'acqua, in questo modo, l'acqua si espande, facendo sì che anche la cellula si espanda e il muscolo si rilassi.
Negli stati di malattia, le cellule contengono una maggiore quantità di acqua pentagonale che le rende più contratte ma meno cariche d'energia.
Un'eccedenza di anioni minerali, come nel caso dell'acqua acida, tende a dissolvere le strutture esagonali, rendendo il metabolismo sempre più inefficiente, ciò fa diminuire l'energia degli individui troppo acidi, esponendoli a un maggior rischio di sviluppare problemi sanitari di ogni genere.
*Per rimanere funzionale, il corpo protegge la propria struttura d'acqua esagonale mantenendo un livello di pH pari a 7,4.*

## Acqua della zona d'esclusione
Il dottor Gerald Pollack,[2] docente di Bioingegneria presso l'Università di Washington, ha compiuto ricerche approfondite sulle proprietà dell'acqua vicino a superfici idrofile come le proteine e le pareti dei vasi sanguigni, determinando che questo effetto di superficie si estende fino a mezzo millimetro nell'acqua circostante, chiamata acqua libera, si tratta di una distanza molto maggiore di quella prevista dalle teorie fisiche.
L'acqua legata esclude molecole e colloidi, e da ciò deriva il nome acqua nella zona di esclusione o acqua EZ (Exclusion Zone), ma non esclude i minerali ionici.
Per spiegare questo e altri effetti, il dottor Pollack ha presupposto una struttura esagonale dell'acqua EZ composta di molecole di $H_3O_2$, con specchi d'acqua esagonale disposti l'uno accanto all'altro a nido d'ape.
Pur essendo di portata limitata e non avendo effetti diretti sull'acqua che consumiamo, questo effetto di superficie risulta molto importante per la struttura dell'acqua nel nostro corpo, soprattutto all'interno delle cellule e in rapporto alla circolazione sanguigna.
Presumo che l'acqua EZ abbia fondamentalmente la stessa struttura dell'acqua esagonale oggetto delle ricerche del dottor Jhon.
Sì è sostenuto che l'acqua EZ costituisca un quarto stato dell'acqua oltre a quelli solido/ghiaccio, liquido/ disordinato e gassoso/vapore. In tal caso, presumo che ciò debba applicarsi anche ad altri tipi di acqua esagonale, come quelli studiati dal dottor Jhon o prodotti dagli ionizzatori d'acqua.

## La memoria dell'acqua

Nel 1994 il ricercatore giapponese Masaru Emoto[3] ebbe l'idea di osservare attraverso un microscopio l'acqua congelata.

Con dei campioni presi da fiumi e laghi incontaminati, osservò dei bellissimi disegni con cristalli esagonali luccicanti, l'acqua presa dal rubinetto di casa o da fiumi e laghi vicini a grandi città, invece, produceva soltanto immagini confuse e disordinate, inoltre, Emoto espose l'acqua a parole, immagini o musiche piacevoli o cariche di rabbia, per questi esperimenti, si servì di acqua bidistillata.

Con parole, preghiere, immagini o brani musicali armoniosi osservava sempre cristalli mirabili, mentre con parole, musiche o immagini negative registrava cristalli deformati, in ogni caso, i cristalli non erano mai identici.

Da persone che hanno cercato di replicare questi esperimenti è venuto fuori che gli unici a ottenere dei risultati positivi sono stati coloro che ci credevano; si dice che gli scettici, invece, non abbiano osservato alcun cambiamento.

Si tratta di un dato rilevante per la controversia scientifica incentrata sulla memoria dell'acqua.

Il dottor Jacques Benveniste[4] era un importante immunologo francese, autore della scoperta secondo cui l'acqua era capace di ricordare una sostanza biochimica usata in un esperimento precedente, anche in seguito a diluizioni di tipo omeopatico molto elevate.

Il suo studio venne pubblicato nel1988 sulla rivista scientifica *Nature* ma, essendo considerato un *endorsement* dell'omeopatia, non risultò accettabile per la scienza convenzionale, pertanto, *Nature* inviò nel laboratorio di Benveniste una squadra di scettici comprendente, tra gli altri, il prestigiatore James Randi, che aveva fama di poter smascherare le affermazioni paranormali fasulle.

Gli esperimenti iniziali, effettuati dal personale del laboratorio sotto la stretta supervisione degli scettici, confermarono i risultati originali del dottor Benveniste, ma quando gli scettici passarono direttamente all'azione tutti i risultati divennero negativi, ciò bastò a bloccare i fondi per la ricerca di Benveniste e a far chiudere il suo laboratorio.

Il lavoro svolto in altri laboratori dimostrò un'analoga divisione a livello di risultati, i ricercatori neutrali o ben disposti ottennero risultati positivi, ma la maggioranza, essendo scettica, ricevette risultati negativi.

Tuttavia, nel 1999, uno studio pan-europeo eliminò la possibilità di distorsioni e confermò la memoria dell'acqua.[5]

Su YouTube è disponibile un documentario che dimostra la validità della memoria dell'acqua e ha per protagonista il virologo francese Luc Montagnier, co-scopritore del virus di immunodeficienza umana (HIV) e vincitore del premio Nobel nel 2008.[6]

Il messaggio derivante da tutto questo è che, per beneficiare del lavoro di Emoto, scrivere qualche parolina edificante sul proprio energizzatore d'acqua è una buona idea, ma non basta, bisogna anche crederci se si vuole beneficiarne sul serio.

Si può scrivere qualcosa di rilevante per i propri problemi di salute, oppure una parola o frase tipo "Salute" o "Amore divino", per poi ricaricare di tanto in tanto quel che si è scritto irradiandolo di sentimenti positivi.

## Salute, invecchiamento, ringiovanimento

Sembra che il generale declino della salute con l'avanzare dell'età sia fortemente collegato alla disidratazione dell'intero corpo, le cellule non riescono a trattenere acqua a sufficienza per funzionare a livello ottimale.

Quando siamo ancora relativamente giovani, può essere d'aiuto bere i mitici sei bicchieri d'acqua al giorno per eliminare le tossine e restare idratati, ma non si tratta di una soluzione a lungo termine.

Quando beviamo acqua "normale", il corpo ha bisogno di usare la propria provvista di bioenergia per energizzare e strutturare quest'acqua, tuttavia, con l'urinazione e il sudore, il corpo perde la sua acqua energizzata.

Si tratta di un costante prosciugamento delle nostre riserve di bioenergia, che con il passare degli anni potrebbe anche farci invecchiare più in fretta, nella misura in cui beviamo una maggiore quantità di quest'acqua "normale" o "morta".

Con l'avanzare dell'età, ci disidratiamo non perché non beviamo abbastanza acqua, ma perché non riusciamo a trattenere l'acqua nel nostro corpo, ci manca la bioenergia necessaria per energizzare e usare l'acqua in modo efficiente al fine di metabolizzare e disintossicare.

Da neonati il peso del nostro corpo è costituito per l'80% di acqua, ma a 80 anni il nostro livello idrico potrebbe essere sceso sotto il 50%, ciò, a sua volta, provoca ogni genere di problemi sanitari, i segni esteriori dell'invecchiamento indicano quel che sta accadendo alle nostre cellule.

La quantità d'acqua all'interno delle cellule si riduce e le cellule si avvizziscono come la pelle, mentre l'acqua fuori dalle cellule aumenta in termini percentuali.

*La soluzione consiste nel bere regolarmente acqua energizzata.*

Secondo l'esperienza di coloro che lavorano in questo campo, l'acqua energizzata è fortemente reidratante e, in questo modo, può ridurre i segni interni ed esterni dell'invecchiamento.

La frutta e la verdura fresche, crude e biologiche contengono acqua altamente energizzata, ma sono diventate rare a causa dell'agricoltura industriale, dei bassi livelli di bioenergia e dei tempi lunghi di immagazzinamento e di trasporto.

Ritengo che il pensiero positivo, oltre all'assunzione a lungo termine di cibi freschi crudi e di acqua energizzata possa ritardare molto il processo d'invecchiamento, e persino invertirlo se siamo invecchiati troppo in fretta. Anche le tecniche di respirazione yogiche possono aiutare, e magari in futuro la ricerca sulla *free energy* svilupperà altre possibilità.

## Generare acqua energizzata

Gli ionizzatori d'acqua sono i congegni più noti e più usati per energizzare l'acqua, la frazione alcalina che producono tende a essere ben energizzata. Inoltre, questa frazione contiene molecole d'idrogeno dissolte e idrogeno negativo, fortemente antiossidante, l'alcalinità dell'acqua è generalmente trascurabile, anche se può essere molto elevata, il pH non ha molta forza e di solito si può acidificare con qualche goccia di succo di limone.

Anche i magneti si possono usare per energizzare l'acqua, preferibilmente in combinazione con un vortice. Per i dettagli relativi a una macchina per il vortice eterico, vedi "Healing with Rotating Magnets" (Guarire con i magneti rotanti).[7]

Per una disposizione più semplice, potete semplicemente attaccare due forti magneti ai lati opposti di un imbuto e lasciarvi fluire attraverso l'acqua più volte, oppure tenere i magneti sulla parte esterna di un frullatore/mixer.

La luce del sole è ottima per energizzare, riempite un bicchiere, una scodella di ceramica o un contenitore in vetro di quarzo con dell'acqua e posizionate il recipiente in una zona illuminata dal sole, se di solito avete poca energia, coprite il contenitore con del cellophane rosso, se avete molto dolore, infiammazione o infezione, usate del cellophane azzurro, per una condizione intermedia, usate l'arancio, il giallo o il verde. Tenete il recipiente coperto sotto la luce del sole per un periodo compreso tra dieci minuti e diverse ore, quindi bevete l'acqua così energizzata.

Potreste anche cercare di sperimentare con piramidi, cristalli, BioMat e altri congegni energetici, purtroppo è difficile misurare obiettivamente se una disposizione sia meglio dell'altra.

È consigliabile testare la purezza dell'acqua prima e dopo ogni trattamento, oppure confrontare tipi diversi di acqua, in biodinamica l'acqua o l'estratto idrico di piante o del suolo viene testato aggiungendo qualche goccia di una soluzione di cloruro di rame, la qualità del campione viene poi giudicata dalla regolarità dello schema di cristallizzazione della soluzione evaporata.

Un'altra opzione consiste nel provare un Misuratore sperimentale del campo di energia vitale[8] per determinare quale trattamento o gruppo di trattamenti funzioni meglio, coloro che si fidano delle loro capacità psichiche potrebbero anche servirsi di un pendolo.

Il modo migliore per ottenere bioenergia dal cibo consiste nel frullare, estrarre o filtrare il succo di foglie verdi fresche, soprattutto di erbe succose. Nelle verdure fresche, anche la cottura libera dai legami chimici la bioenergia, che può rimanere per un giorno come energia libera nell'acqua di cottura, tuttavia si dovrebbe consentire l'uscita soltanto di un minimo di vapore, perché il vapore porta con sé la bioenergia, quest'ultima diminuisce durante un periodo di immagazzinamento più lungo, oppure quando si riscalda di nuovo a temperature più elevate di 50°C.

Ciononostante, l'effetto energizzante maggiore sembra provenire dal Gas di Brown (Brown Gas o BG).

Si tratta di una combinazione di idrogeno e ossigeno molecolari con l'aggiunga di acqua molto carica di energia ed espansa elettricamente, abbreviata in ExW (electrically expanded water).

Il fine ultimo consiste nel produrre acqua esagonale energizzata nel nostro corpo, e per far questo non conosco modo migliore del gas di Brown, il BG veniva utilizzato per energizzare l'acqua potabile già molto tempo prima che si cominciasse a usarlo per inalazione, un procedimento ottenuto, di solito, facendo gorgogliare il BG nell'acqua.

Bere acqua alcalina ionizzata ha benefici simili al bere acqua fatta gorgogliare con il BG, tuttavia, l'acqua può contenere solo una quantità limitata di energia, perciò l'inalazione di BG tende ad avere un effetto molto più forte sull'acqua contenuta nel nostro corpo, e dunque sul nostro livello di energia.

*Bisogna cominciare a inalare una piccola dose solo per alcuni minuti.*

Ciò è particolarmente importante per coloro che hanno problemi di salute gravi o molteplici, perché inizialmente il corpo tende a disintossicarsi, e tale processo di disintossicazione può produrre un certo disagio, sia pure temporaneo.

Espandete gradualmente la quantità di BG inalata e, in aggiunta a essa, bevete l'acqua fatta gorgogliare con il gas.

Consiglio di usare preferibilmente una vasta gamma di metodi energizzanti. Tra questi figurano bere acqua energizzata, inalare gas di Brown, prendere molto sole, camminare a piedi nudi sulla maggior parte dei terreni, nonché usare cristalli, piramidi e magneti.

## Energie eteriche ed elettromagnetiche

Diversi anni fa lessi un articolo riguardante la ricerca sull'acqua, era stata aggiunta una soluzione minerale altamente diluita per deionizzare dell'acqua, gli scienziati rimasero sorpresi del fatto che i minerali aggiunti non si distribuissero equamente nell'acqua, come previsto, bensì convergessero in domini.

Si trattava di un evento sensazionale, ma anche pericoloso, perché avrebbe potuto essere percepito come una convalida dell'omeopatia, pertanto lo studio che portò alla sua scoperta fu tenuto segreto.

Abbiamo lo stesso problema con le nuvole. Secondo le leggi della fisica, le molecole di acqua contenute in nubi distinte, soprattutto quelle vaporose tipiche del bel tempo, dovrebbero diffondersi equamente nel cielo, e invece convergono in modo tale da formare dei domini.

In ogni caso, esiste un modo con cui si possono spiegare non soltanto questi problemi ma anche la natura dell'acqua esagonale ExW e la memoria dell'acqua, c'è l'hanno mostrato, nel lontano 1895, due eccezionali chiaroveggenti, ovvero i teosofi Annie Besant e Charles W. Leadbeater.

Le loro scoperte furono pubblicate su *Occult Chemistry*[10,] una delle principali fu quella degli isotopi, avvenuta sei anni prima che un radiochimico ne proponesse l'esistenza nel 1913, inoltre, descrissero i quark, gli ipotetici elementi costitutivi di protoni e neutroni, sessant'anni prima degli scienziati, e videro un protone a forma di nocciolina circa sessant'anni prima che un fisico ne confermasse l'esistenza 15 anni fa (Vedere l'articolo "The Particle Zoo"[11]).

Tra l'altro, i due chiaroveggenti erano guidati dal professor Sir William Crookes, eminente chimico britannico e presidente della Royal Society, che fornì loro gli elementi chimici di cui avevano bisogno per le loro ricerche, la stessa Besant aveva studiato chimica.

I concetti teosofici derivano perlopiù da antichi insegnamenti indù e da scritti sanscriti, dunque la materia fisica è la fase più densa del livello eterico, o dimensione eterica, consistente di: solidi, E7; liquidi, E6; gas, E5; nonché altre quattro suddivisioni attualmente ignote alla scienza.

La figura 2 mostra le sottodimensioni da E5 (quella più a sinistra) a E1 (quella più a destra), ed E5 raffigura il nucleo dell'atomo di idrogeno.

Quando Besant e Leadbeater gli inviarono mentalmente energia, il nucleo si divise in due particelle separate e si spostò al livello E4, non più rilevabile da strumenti fisici.

A fronte di una maggiore trasmissione di energia, si suddivise gradualmente in quark (E2) e poi in singole particelle, le Anu o particelle indivisibili (E1), con una quantità di energia ancora maggiore, l'Anu sparì dal piano eterico.

La Figura 2 mostra soltanto le particelle, non le energie.

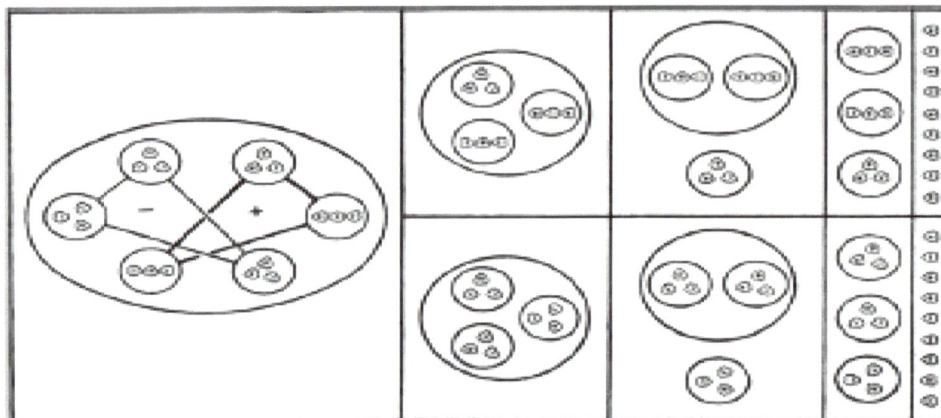

Figura 2: Diagramma che mostra la decomposizione eterica dell'atomo di idrogeno dal livello E5 (quello più a sinistra) a E4, E3, E2 ed E1 (quello più a destra). (Fonte: Besant e Leadbeater, Chimica occulta, Anguana Edizioni, 2018, Cap. II).

Proprio come lo spettro elettromagnetico, anche lo spettro eterico presenta una vasta gamma di energie, in effetti, considero lo spettro elettromagnetico parte di quello eterico.

Vi sono energie di *legame* ed energie di *campo*, l'energia di legame più comunemente usata nella nostra vita quotidiana è l'energia dell'elettrone, man mano che perde bioenergia spostandosi da uno stato altamente energetico nel cibo a uno stato energetico più basso nell'acqua e nell'anidride carbonica, la differenza tra questi due stati è l'energia che usiamo per vivere, in modo analogo vi sono anche energie di legame tra le diverse strutture del nucleo.

*Un altro tipo di energia è costituito dai campi eterici che tengono insieme strutture diverse.*

Potremmo dire che il campo di un atomo o di una molecola è simile a una coppia polare di livello più elevato della sua struttura interna, ovunque debba spostarsi una carica negativa, ce n'è una positiva nella coppia e viceversa.

Queste cariche possono essere elettriche, magnetiche, maschili-femminili o generalmente yin-yang.

I campi eterici possono essere separati dai loro corpi fisici da *input* energetici elevati che provocano vibrazioni eccessive dei componenti interni, i campi molecolari hanno corpi composti di atomi, i campi atomici hanno corpi di particelle atomiche, e così via, i campi molecolari sono portatori della contestata memoria dell'acqua e costituiscono la base dell'omeopatia.

Elementi biochimici come gli enzimi sono spesso molto grandi, con migliaia di atomi distribuiti in strutture altamente complesse, in fisica e in chimica si presume che questi elementi biochimici vengano assemblati dal DNA.

A mio avviso è molto più plausibile che le cellule lavorino secondo un progetto fornito dai proposti campi eterici molecolari, che a loro volta vengono creati a un livello più elevato da campi mentali o forme-pensiero.

## Campi e domini energetici

Adesso possiamo comprendere l'acqua esagonale e la formazione dell'acqua elettricamente espansa, ExW, nel modo seguente.

Agli elettrodi, $H_2$ e $O_2$ vengono rilasciati come gas, e i campi eterici delle molecole d'acqua decomposte fluiscono insieme fino a formare dei domini di energia eterica nell'acqua libera, questi domini utilizzano energia libera per costruirsi dei corpi legando molecole d'acqua in una forma esagonale come acqua strutturata, inoltre, questo processo risulta molto simile quando l'energia viene fornita da magneti, vortici, cristalli e così via.

Nel mondo naturale, l'energia proviene perlopiù dalla luce del sole, in tutti questi casi, la bioenergia in eccesso si accumula nell'acqua, che quindi forma domini energetici contenenti acqua strutturata.

Quando beviamo quest'acqua strutturata, otteniamo una riserva di energia libera facilmente disponibile in confronto a quella del cibo, la cui energia è caratterizzata da legami più forti.

Mentre questa formazione di domini energetici si verifica anche quando viene generato Gas di Brown, esiste un ulteriore processo che fornisce a quest'ultimo un potenziale bioenergetico elevato.

Le molecole di $H_2$ e $O_2$ provenienti dagli elettrodi si diffondono nell'acqua e inizialmente s'incontrano a metà strada tra entrambi gli elettrodi, di ciò dei campi eterici d'acqua possono servirsi come ulteriore opportunità di costruirsi dei corpi fisici, poiché gli elementi costituenti sono disponibili soltanto come molecole, due campi d'acqua si devono fondere per legare due $H_2$ e un $O_2$.

Esiste un livello elevato di energia all'interno di questo campo, e le molecole legate si disintegrano ulteriormente in E4 o in uno stato eterico più elevato (come mostrato nella Figura 2).

Essendo l'acqua elettricamente espansa è essenzialmente composta da due molecole d'acqua allo stato di plasma, ciò spiega perché risulti più pesante del resto degli elementi costitutivi messi insieme, ci aiuta, inoltre, a capire perché una scintilla non provochi un'esplosione, ma piuttosto un'implosione, dato che fornisce l'energia di reazione necessaria perché ogni ExW si riformi in due molecole d'acqua.

Lo stesso accade quando s'inala ExW: da ciò possono scaturire implosioni, visibili come molteplici scintille nella microscopia in campo oscuro.

Queste implosioni liberano una grande quantità di bioenergia che il corpo può poi usare per migliorare la strutturazione della propria acqua e ringiovanire così le proprie cellule e funzioni.


## Aumentare la propria riserva di bioenergia

Per mantenere il nostro corpo sano e giovane, abbiamo bisogno dei giusti elementi costituenti, oltre alla bioenergia necessaria per utilizzarli in modo efficace.

Al momento siamo in gran parte sovraccarichi di elementi costituenti senza avere abbastanza energia per servircene in modo appropriato. In questo modo, tali elementi non fanno che aumentare il sovraccarico di tossine e di scarti metabolici già accumulati nel corpo.

Il digiuno è un buon modo di eliminare questi scarti, ma richiede molta energia, non funziona bene se i nostri livelli di energia sono bassi, pertanto, è consigliabile combinare digiuni periodici con una riserva elevata di bioenergia, come quella che viene dall'acqua strutturata e l'ExW prodotta dal Gas di Brown.

Ritengo che questa combinazione possa costituire il maggior fattore di ringiovanimento per coloro che soffrono di disturbi degenerativi, oltre che per gli anziani.

Considero l'acqua elettricamente espansa una forma concentrata di energia vitale dotata del potenziale necessario per diventare l'agente di guarigione universale del futuro.

Essendo abbastanza stabile e non esplosiva, l'ExW è immagazzinabile a pressione e temperatura normali, oppure può venire compressa, congelata o combinata ad altro materiale biologico come stabilizzatore.

Vi prego di notare che, essendo queste informazioni di pubblico dominio, non possono essere brevettate.


## Consigli sui generatori di Gas di Brown

Il mercato per i piccoli generatori di Gas di Brown o HHO per i trattamenti sanitari domestici è ancora emergente, ma la sicurezza e l'affidabilità costano, poiché questi apparecchi hann molto migliorato e ottimizzato il generatore H160 prodotto in Cina.[13]

L'H160 è progettato in modo tale da alimentare una piccola saldatrice che consenta di lavorare con gioielli o materiali acrilici, comprando l'H160 direttamente dalla Cina si risparmia molto, ma si tratta di un congegno pericoloso senza le modifiche per le applicazioni sanitarie.

Tuttavia, è possibile costruire il proprio generatore sicuro e a basso costo. Centinaia di persone hanno usato semplici schemi per costruire dei generatori di gas di Brown piccoli ma molto efficienti e pratici, dei dilettanti hanno costruito delle versioni semplici e le hanno messe in vendita.[16]


## Note:

1. Jhon, Dr Mu Shik, *The Water Puzzle and the Hexagonal Key: Scientific Evidence for the Existence of Hexagonal Water and its Positive Influence on Health!* (tradotto dal coreano all'inglese da M.J. Pangman), Uplifting Press, Inc., USA, 2004, http://www.terapiaclark.es/Docs/ WaterPuzzleBook.pdf
2. Pollack, Dr Gerald H., Pollack Laboratory, http://www.pollacklab.org
3. Emoto, Dr Masaru, http://www.masaru-emoto.net, http://tinyurl.com/bxk2j78
4. Benveniste, Dr Jacques, http://rexresearch. com/benveniste/benveniste.htm, http://www. jacques-benveniste.org
5. Milgrom, Lionel, "Thanks for the memory", *The Guardian*, 15 marzo 2001, http://tinyurl. com/yas76jej
6. Montagnier, Luc, *Water Memory*, documentario diretto da Christian Manil e Laurent Lichtenstein per wocomo, 2014, YouTube, http://tinyurl. com/j27vztt

**7.** Last, Walter, "Healing with Rotating Magnets", http://www.health-science-spirit.com/ Rotamag.htm

**8.** Natural Energy Works, Experimental Life-Energy Field Meter, http://www.orgonelab.org/ cart/ylemeter.htm

**9.** Last, Walter con George Wiseman, "Gli straordinari poteri di guarigione del Gas di Brown", Science News, *NEXUS New Times*, vol. 1, n. 132, febbraio-marzo 2018

**10.** Besant, Annie e C.W. Leadbeater, *Occult Chemistry: Investigations by Clairvoyant Magnification Into the Structure of the Atoms of the Periodic Table and Some Compounds*, The Theosophical Publishing House, Adyar, India, 1951, terza edizione ampliata (1908, prima edizione; 1919, seconda edizione, 2018 edizione italiana, *Chimica occulta*, Anguana Edizioni), http://blog.hasslberger.com/docs/ occult_chemistry.pdf

**11.** Last, Walter, "The Particle Zoo", http://www. health-science-spirit.com/particle-zoo.pdf

**12.** Eagle-Research.com, AquaCure™ Model EA-H160, http://www.eagle-research.com/cms/ node/4127

**13**. Ving 300W 75L Portable Acrylic Polishing Machine HHO Flame Generator, http://tinyurl. com/yd9yremh

**14.** Wiseman, George, *Brown's Gas: Book Two*, 1998–2009, http://tinyurl.com/y7mgu72j

**15.** Eagle-Research.com, Stand-alone Resources Access: ER50, http://tinyurl.com/y9e6xj9e

**16.** Si veda, per esempio, MolecularH, Hydrogenie® Molecular Hydrogen Generator, http://www.molecularh.com/hydrogenie/

17. Eagle-Research.com, ER50 — Flat-Plate Kit (Mini BG Electrolyzer), http://tinyurl.com/ y8hgzf9k

www.ingramcontent.com/pod-product-compliance
Lightning Source LLC
Chambersburg PA
CBHW052055190326
41519CB00002BA/239

* 9 7 8 0 2 4 4 7 8 5 0 0 0 *